해삼

해삼

인간과 공존하는 해양생물의 삶

초판 1쇄 발행일 2023년 2월 3일

지은이 박흥식·장덕희
펴낸이 이원중

펴낸곳 지성사 **출판등록일** 1993년 12월 9일 **등록번호** 제10-916호
주소 (03458) 서울시 은평구 진흥로 68, 2층
전화 (02) 335-5494 **팩스** (02) 335-5496
홈페이지 www.jisungsa.co.kr **이메일** jisungsa@hanmail.net

ISBN 978-89-7889-516-3 (04400)
ISBN 978-89-7889-168-4 (세트)

잘못된 책은 바꾸어드립니다. 책값은 뒤표지에 있습니다.

해삼

인간과 공존하는
해양생물의 삶

박흥식
장덕희
지음

지성사

차례

여는 글_ 6

01 바다의 인삼이라고?

해삼, 다양한 이름으로 불리다_ 10

02 분류와 구조

밤송이처럼 생긴 집단에 속하는_ 16

　　　바다나리 | 불가사리 | 거미불가사리 | 성게

생김새가 이렇게 단순하다고?_ 27

색으로 구분한다면_ 30

피부와 체벽_ 33

골격 구조_ 36

내부 구조의 모습은?_ 38

어떻게 소화할까?_ 41

어떻게 호흡할까?_ 44

신경과 혈관_ 47

03 해삼으로 살아가기

바다 속 어디에서도 발견되는_ 50

믿는 구석이 있는_ 55

한 마리가 두 마리가 되는 재생력_ 59

더불어 사는 모습_ 62

느리지만 폭넓은 움직임_ 65

바닥에 널린 먹이를 먹다_ 67

얼마나 오래 살까?_ 70

여름잠을 자다_ 72
암수 구분_ 74
자식 지키기_ 77
해삼으로 일생 시작!_ 79

04 해삼, 정말로 바다에서 얻는 인삼인가?

효능을 연구하다_ 82
콘드로이틴 | 사포닌 | 홀로톡신 | 타우린 | 콜라겐 |
오메가-9 | 폴리페놀

05 해삼을 요리하다

식재료, 해삼_ 94
영양 성분_ 96
요리 세상_ 98
보관 방식_ 101

06 해삼 경제

해삼이 뜬다_ 106
해삼 시장이 커지다_ 110
관심이 문제를 일으키다_ 114
해삼 왕 중국_ 116
한국의 해삼 산업_ 119
해삼을 키우자_ 123
해삼 생산하기_ 125
대량 생산을 위한 과제_ 130

글을 마치며_ 132 | 참고한 자료_ 134 | 그림 출처_ 136

　　가끔 우리는 함께 살아가는 생명체를 보며 무언
가에 끌려 반응할 때가 있다. 독특한 모습에서, 예를 들
면 형태에서 느끼는 아름다움이나 생전 보지 못했던 움
직임 또는 신기함이 느껴졌을 때 대상에 집중하고 관심
을 기울인다. 아니면 기억 속에 남아 있는 맛이나 후각
적 경험, 대상에 대한 지식이 이미 있을 때 호감을 느끼
기도 한다. 외형적인 특별함이나 움직임이 없다면 그냥
스쳐 가는 생명체에 불과할 것이다.

　　해삼은 바다 속에 산다. 우리나라에서는 접시에
담긴 썰린 해삼을 맛으로 먼저 경험할 때가 많다. 움직임
도 거의 느낄 수 없고, 색깔도 유별나지 않은 온전한 모

습의 해삼을 대할 때는 "이렇게 생겼구나" 하는 정도의 반응이 대부분이다.

어릴 적, 해삼과 멍게를 잔뜩 싣고 다니던 포장마차에서 옷핀을 편 '집게'로 썰린 해삼과 멍게를 집어 먹던 사람들을 보며 해삼이란 생물을 처음 알았다. 맛으로의 경험은 대학 시절, 다이빙을 배우면서 선배들이 잡아 온 해삼이 처음이었다. 무슨 맛인지 잘 알 수 없었지만, 물컹거리고 조금은 쌉쌀한 느낌이 초고추장의 새콤한 맛에 감춰져 있었다. 오히려 이름이 호기심을 더 자극했다. 왜 해삼(海蔘), 즉 '바다의 인삼'이라고 이름 지었을까? 인삼에서 기억한 쌉쌀한 맛에 억지로 유사성을 연결해 보았지만, 작은 궁금증으로 찾아본 자료에서 조금 더 깊숙이 해삼에 빠져들었다.

해삼은 이미 오래전부터 인간에게 많은 관심을 받던 수산물이었다. 그저 회를 주문하면 나오는 맛보기 메뉴 수준이 아니었다. 다만 전 세계 바다에서 살아가지만, 동아시아를 중심으로 펼쳐진 요리를 비롯해 해삼 문화와 산업에 관련된 정보는 대부분 돌기해삼 한 종에 치우쳐 있었다. 세계 여러 바다를 경험하면서 오랜 기간 찍어

둔 생태 사진을 부각하기 위해서라도 되도록 다양한 해삼을 소개하고 싶었다. 행운이었는지 자료를 모으는 과정에서 '충청남도 해삼 산업 발전전략사업'에 참여하게 되어 현실 속에서 해삼을 볼 수 있었다.

수많은 해양생물 중에 해삼을 인연으로 글을 쓴 것은 아주 독특한 경험이었다. 생태 정보에서 산업 가치에 이르는 포괄적인 자료들을 정리하면서 이제는 인간과 공존하는 해양생물의 삶을 다른 시각에서 바라보게 되었다.

01
바다의 인삼이라고?

해삼, 다양한 이름으로 불리다

'해삼'이라는 이름은 순수한 우리말이 아니다. '海蔘'이라고 적는 한자어에서 비롯되었다. 중국 발음으로 표현하면 '하이선(hǎshēn)'이다. 풀이하면 '바다의 인삼'이란 뜻이다. 처음에 인삼은 '삼'이란 용어로 사용되었다. 한반도에 자생하는 인삼은 이미 신라시대부터 그 효능이 당나라에 널리 알려져서, 사신들이 신라에 오면 꼭 확보하려는 물품 중 하나였다는 내용이 『삼국사기』와 최치원이 저술한 『계원필경』 등에 기록되어 있다. 중국에서 오래전에 '해삼'이라고 이름 지은 것을 보면, 뭔가 건강에 좋은 효과를 본 경험에서 나온 것으로 생각된다.

우리나라에서는 해삼을 지역마다 또는 시기마다 다양한 이름으로 부른다. 전라도 지역에서는 '뮈'라는 이름으로 전해지며, 옛 문헌에서는 해서(海鼠), 토육(土肉), 흑충(黑蟲), 해남자(海南子) 등으로도 표현하였다. 이렇게 각기 다른 이름으로 불린 이유를 보면 우선 해삼의 명칭은 조선 후기 학자 서유구(徐有榘, 1764~1845)가 저술한 백과사진 『임원경제지』 중에 동물을 기르고 사냥하는 방법을 정리한 「전어지(佃漁志)」에서 송나라 『본초도경』에 "약효가 인삼에 필적한다고 하여 바다의 인삼이란 뜻으로 붙였다"라고 소개하였고, 해삼을 "성질이 온(溫)하고 몸을 보(保)하는 재물 중 하나"라고 설명하였다.

그림 1-1 우리나라 바다에 서식하는 돌기해삼

일본에서는 "은밀하게 움직이는 것이 쥐와 닮았다"고 하여 '바다 쥐'란 뜻의 '海鼠'라 쓰고, '나마고(ナマコ)' 또는 '마나마고(マナマコ)'라고 부른다. 우리나라에서 해서라고 불린 것은 아마 일본에서 유래한 이름을 그대로 사용한 경우인 듯하다. '토육'은 해삼이 펄을 삼키고 그 속에 포함된 유기물을 흡수한 다음 다시 펄을 배출하는 습성에서, 해삼을 잡았을 때 내장을 토해내면서 검은 개흙이 함께 쏟아지는 모습으로부터 유래한 것으로 보인다. '흑충'은 서해에 서식하는 돌기해삼의 색을 그대로 표현하고, 여기에 물고기를 제외한 해양생물을 대체로 벌레와 같이 취급했던 데서 나온 명칭으로 추측하고 있다. 마지막으로 '해남자'는 해삼을 손으로 잡으면, 근육이 강하게 경직되어 몸이 단단해지는 모습에서 비롯된 이름이 아닌가 싶다. 이 때문

그림 1-2 해삼의 내장. 내장 안에는 바닥을 기어 다니며 훑어 먹은 개흙이 들어 있고, 이것은 변으로 배출된다.

에 해삼이 특별한 근거도 없이 남성에게 좋은 강장제로 알려졌다.

해삼은 전 세계적으로 1,500여 종류가 분포하고, 지역마다 모양이 달라서 불리는 이름도 각양각색이다. 영어권에서는 해삼을 '바다오이(sea cucumber)'라고 부르는데, 길쭉하고 피부가 울퉁불퉁한 모습이 '오이'라는 이미지와 비슷하다고 이해한 듯하다. 북유럽에서는 '바다소시지', 프랑스에서는 '바다뱀' 등으로 불렸다.

중국에서 해삼을 소개한 오래된 문헌으로 오나라 때 심영(沈瑩)이 쓴 『임해이물지(臨海異物志)』(268~280)가 있다. 진나라 때 곽박(郭璞)이 지은 『강부(江賦)』(276~324)에서는 해삼을 고급 식자재로 소개하였다. 명나라 이세진이 지은 중국 약초학 서적 중에 가장 방대한 내용을 수록한 『본초강목(本草綱目)』(1578~1596)에도 해삼의 식용 및 약용 가치가 기록되어 있으며, 해삼이 인간에게 유익한 식품으로 소개하였다.

우리나라에서는 최초의 해양생물 분류 도감의 역할을 하는 정약전의 『자산어보(玆山魚譜)』(1814)에 해삼이 언급되어 있다. "큰 놈은 두 자 정도로 몸이 참외와 같고, 온몸에 잔 젖꼭지 같은 것이 있는데 이 또한 참외와 같다. 양쪽 머리가 미미하게 깎여 있다. 그 한 머리에는 입이 있고, 다른 한 머리에는 항문이 있다. 배 안에 물체가 있는바 내장은 닭의 것과 같고, 아주 연하여 잡아 올리면 끊어진다. 배 밑에 발이 100개나 붙어 있어 잘 걷는다. 그러나 헤엄은 못 친다. 그 행동이 매우 둔하다. 빛깔은 새까맣고 살은 검푸르다"라고 상세하게 묘사하였다. 여기서 '참외'라는 표현은 지금 우리가 먹는 노란색의 개량된 참외를 상상하면 안 되고, 녹색의 토종 참외인 표면이 거친 개구리참외와 비교해야 할 듯하다. 또는 번역 과정에서 오이를 참외로 옮길 수도 있다.

　　'바다의 인삼'을 뜻하는 해삼이란 표현은 우리가 회로 먹었을 때 느끼는 쓴맛이 마치 인삼을 씹을 때와 같아서 이름의 유래를 이해할 수 있었는데, 신기하게도 현대 과학에서 입증되었다. 해삼에 포함된 성분을 분석한 연구에서 인삼에 들어 있는 사포닌과 같은 계통의 물질인 홀로수린(holothurin)이 추출된 것이다. 어떻게 이런 우연의 일치가 있을지 의심할 정도이다.

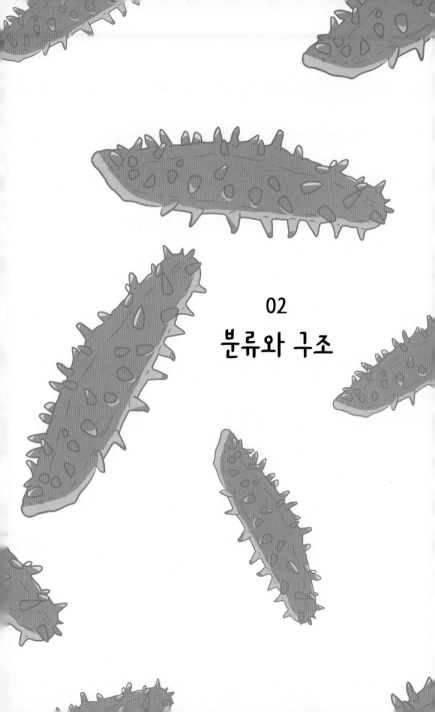

02
분류와 구조

밤송이처럼 생긴
집단에 속하는

해삼은 척추동물처럼 몸을 구성하는 뼈대나, 게처럼 피부에 단단한 부분이 없어서 쉽게 화석으로 발견될 수 없다. 하지만 기록에 따르면 해삼은 약 5억 년 전, 지구상에 처음 출현한 것으로 알려졌다. 2만 종이 넘는 해삼 화석은 몸속에 아주 작은 크기로 흩어져 있는 뼈 조각으로 가능하였다. 발견된 작은 흔적만으로는 해삼의 모습을 상상하기 어렵지만, 진화나 퇴화가 진행되었을 것으로 추측된다. 오히려 과거로부터 진화한 모습보다는 현재 바다에서 살아가는 해삼의 색, 길이, 모습이 더욱 다양하여 오랜 기간 환경에 적응해 오고 있음을 관찰할 수 있다. 우리나라에는 140여 종의 해삼이 서식한다.

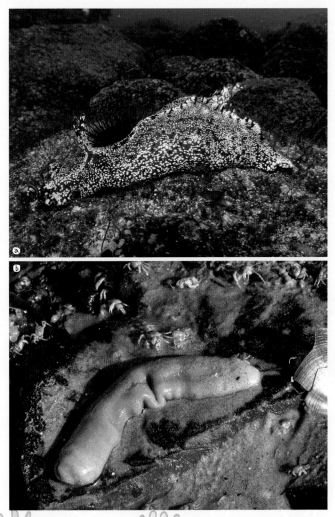

그림 2-1 해삼과 형태가 비슷해 해삼으로 오해할 수 있는 해양 동물
(a: 군소, b: 개불)

해양생물 전문가가 아닌 사람이 해삼을 처음 보았다면 생김새가 군소나 개불 등과 유사하다고 이해할 수 있다. 그러나 의외로 해삼은 겉모습과 전혀 연관성을 찾기 힘든 불가사리, 성게, 심지어 거미불가사리, 바다나리와 친척 관계이다. 이들을 '극피동물'이라고 부른다. '극피(棘皮: 가시 棘, 가죽 皮)'라는 표현은 그리스어에서 유래하였는데, '피부가 밤송이처럼 생긴' 동물들을 분류학 기준으로 모아놓은 동물 집단이다. 이런 조건에서 보면 지금 모든 해삼의 피부 모양을 고려했을 때 관련성이 전혀 없어 보인다.

극피동물은 해삼처럼 전부 바다에서만 산다. 강이나 호수 등 담수에서는 아직 발견되지 않았다. 몸은 균형을 이루는 모습으로 대칭구조이며, 머리와 뇌가 없다. 다만 신경계가 형성되어 있어 외부 접촉에 반응한다. 몸에서 부드러운 부분이 잘리거나 훼손되면 동일한 모습으로 재생하는 특징이 있으며, 원활하게 이동하기 위한 운동기관이 있다. 바닥과 닿는 부분에 실처럼 가늘게 늘어지고 끝부분이 문어의 빨판처럼 생긴 '관족'이라고 불리는 조직인데, 이를 이용하여 바닥을 미끄러지듯이 부드

관족

관족

그림 2-2 극피동물의 다리 역할을 하는 관족
(a: 불가사리의 관족, b: 해삼의 배 부분에서 관찰되는 작은 관족)

럽게 이동한다. 혈관이 없고, 몸속이 혈액과 같은 액체로
채워져 있으며, 암수딴몸으로 수정을 통해 세대를 이어
간다. 이렇게 극피동물의 모습을 살펴보면 형태는 달라
도 유사점을 발견할 수 있다. 다만 극피동물의 공통 모습
인 피부 돌기에서 가시 구조는 퇴화하였을 것으로 추측
하기도 한다.

바다나리

몸통이 전혀 없는 것처럼 깃털 모양의 팔을 오므
리거나 펼쳐서 물에 떠다니는 먹이가 걸리게 한다. 팔을
넓게 뻗어 함정을 만들어서 다가오는 먹이를 포획하지만,
석회질의 팔이 단단하지 못한 까닭에 아주 작은 동물들
만 걸러 먹는다. 이런 먹이 활동을 위해 바닷물의 흐름이
빠른 곳을 선호한다. 바위에 붙은 듯한 모습이지만, 관
족으로 붙잡고 있는 것이어서 천천히 이동할 수 있다. 전
세계에 600여 종이 살고 있으며, 화석으로 발견되는 종
이 훨씬 더 많은 것을 보면 과거의 바다에 더욱 왕성하게
살았던 것으로 해석된다.

그림 2-3 팔이 새의 깃처럼 생긴 바다나리

그림 2-4 불가사리의 재생 (a: 정상적인 형태의 아무르불가사리,
b: 끊어진 팔이 원활하게 재생되는 모습)

불가사리

별 모양의 특이한 모습으로 우리에게 친숙한 해양 동물이다. 하지만 바다생물을 무섭게 포식하는 장면이 자주 소개되어, 독특한 생김새보다는 살아가는 모습이 더 인상적으로 기억된다. 5개 이상의 팔이 있으며, 팔이 잘리면 바로 재생되는 특징이 있다. 간혹 재생 모습이 예전과 달리 나타나면서 기형적인 몸이 되기도 한다. 심지어 재생이 되지 않아 그냥 3개 또는 4개의 팔로 살아가기도 한다. 팔이 원래의 모습으로 돌아오는 일은 매우 신기한데, 그 원리는 아직 과학적으로 정확히 밝혀지지 않았다. 팔과 몸통 아래로는 가느다란 관족이 조밀하게 달려 있고 무게를 극복하기 어려운 모양이지만, 빠르게 움직여 이동한다. 전 세계에 3,600여 종이 알려졌으며, 우리나라에는 50여 종이 서식하고 있다.

거미불가사리

생김새가 동전에 마치 5개의 긴 실이 매달려 있는 모습이다. 팔을 매우 자유롭게 쓰지만, 좌우로만 움직일 수 있고 끊어지기 쉬운 구조이다. 다른 극피동물과 달리

그림 2-5 팔을 길게 늘어뜨린 거미불가사리

노출된 지역보다는 바위 밑이나 펄에 구멍을 파고 은신한다. 자유롭게 팔을 이용하여 바닥을 청소하듯 휩쓸고 다니면서 비교적 빠르게 이동하는데, 불가사리처럼 팔을 이용하여 먹이나 다른 물체를 휘어잡지는 못한다. 주로 펄이나 바위에 붙은 유기물을 긁어 먹거나, 팔에 가시가 많이 돋은 종은 물에 떠다니는 유기물이 걸리게 해서 먹는다. 전 세계에 2,000여 종이 알려졌다.

성게

둥근 밤송이 같은 모습으로 잘 알려진 동물이다. 해조류를 갉아 먹는 초식성 동물로 알고 있지만, 바위 표면에 붙어 사는 수생동물이나 심지어 죽은 동물의 몸을 먹기도 한다. 단단하고 촘촘한 가시로 무장하여 포식자가 결코 없을 듯하지만, 이빨이 강한 돔 종류의 어류에 포식당한다. 턱과 이빨이 강한 돌돔이나 앵무고기 등이 가시를 물어서 성게를 뒤집은 뒤 입 주변을 부수어 내장을 먹는다. 뒤집힌 면에는 가시가 거의 없기 때문이다. 주로 밤에 먹이 활동을 하며, 전 세계적으로 2,000여 종이 알려졌다. 우리나라에는 30여 종이 살고 있다.

그림 2-6 단단한 가시로 무장한 성게 (a: 가시가 길게 발달한 모습, b: 관족으로 바닥을 떠가듯 이동하는 모습)

생김새가 이렇게
단순하다고?

해삼은 일반적인 극피동물처럼 몸에 가시가 돋지는 않았으나 그 대신 피부에 돌기가 있고, 입 주위에는 20여 개의 촉수가 발달하여 항상 바쁘게 움직이는 것처럼 보인다. 다른 해양생물과 비교하면 신체 구조가 단순하다. 원통형의 몸으로 길게 늘어지고 좌우로 입과 항문으로 구분할 수 있으며, 상하로는 등과 배로도 구분한다. 즉 해삼의 겉모습을 보면 몸에 난 돌기와 양쪽 끝에 있는 입과 항문이 전부이다. 배 밑으로는 매우 작아서 관찰하기 어렵지만 수백 개의 관족이 발을 대신한다. 입은 몸통에서 약간 아래로 휘어졌는데, 바닥을 향해 수십 개로 흩어진 촉수를 움직이면서 펄을 섭취하기 유리한

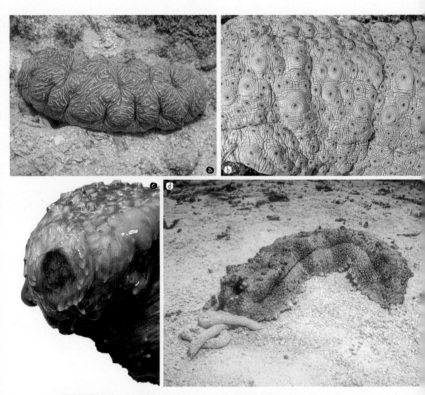

그림 2-7 해삼의 생김새 (a: 앞뒤 구분이 애매한 몸통, b: 돌기가 노출된 표면,
c: 촉수를 숨긴 입, d: 위로 향한 항문)

모습이다. 항문은 반대로 작은 구멍이 위로 향한 상태에서 배설물을 바닥에 길게, 또는 둥글게 쌓는다.

항문의 방향이 위를 향한 것은 배설을 원활하게 한다기보다는 다른 역할이 있는 듯하다. 나중에 다시 설명하겠지만, 해삼은 항문을 통해 바닷물을 빨아들여 호흡한다. 따라서 호흡에 사용할 물을 빨아들일 때 아무래도 입구가 위를 향하는 것이 좀 더 깨끗한 물을 공급받을 수 있을 것이다.

해삼의 먹이 활동은 펄 속의 유기물이나 해조류를 흡입한 후에 내장을 거쳐 항문으로 배설하는 것이 전부이다. 크기는 수 센티미터의 아주 작은 종류에서 길이가 5미터에 이르고 무게가 10킬로그램인 대형 종류까지 다양하다.

색으로 구분한다면

우리나라는 오랜 기간 돌기해삼을 식재료로 사용하면서 분류학적으로는 같은 종이지만, 색깔과 식감에 따라 흑해삼, 청해삼, 홍해삼 등 3종류로 나누어 구분하고 있다. 최근에 유전자를 기반으로 진행한 종 분류에서 홍해삼은 특이성이 발견되어 돌기해삼과 다른 종이라는 주장도 나왔다.

홍해삼은 제주와 남해 도서 암반 지역, 독도·울릉도에서 서식하는데, 생산량이 매우 적다. 펄이나 모래가 아닌 바위 표면을 훑어서 먹이 활동을 하여 먹이 중에 해조류가 비교적 많이 섞여 있다. 어찌 보면 기존 펄이나 모래에 사는 돌기해삼과 달리 초식성이라고 볼 수도 있다. 이러한 식성이 근육을 부드럽게 해서 돌기해삼과 차

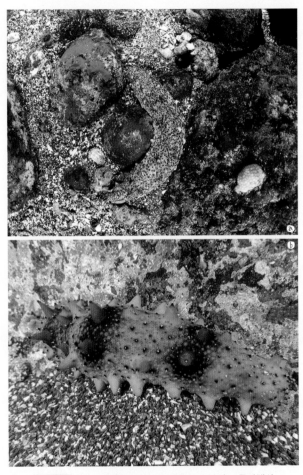

그림 2-8 피부 색깔에 따라 다른 이름으로 불리는 돌기해삼
(a: 홍해삼, b: 청해삼)

별된 식감을 느끼게 하는 듯하다. 피부 색깔도 먹어 치운 홍조류(붉은색 해조류)의 색소 공급에 따라 붉은색과 노란색을 띤다. 제주에서 홍해삼 양식이 진행되는데, 어린 홍해삼에게 돌기해삼 양식에 공급되는 사료를 투여한 동안 해삼의 몸 색깔이 갈색으로 변하여 먹이가 해삼의 몸 색깔에 영향을 주는 요인 중 하나임을 알게 되었다.

청해삼은 우리나라에서 생산되는 해삼 중 대부분을 차지한다. 어릴 때는 자갈밭이나 모래 지역 등에서 성장하다가 유기물이 많은 가두리양식장 등 펄 지역으로 이동하여 먹이 활동을 한다. 흑해삼은 펄 지역에 주로 서식한다. 특히 중국 사람들이 귀중하게 여기며, 홍해삼보다 인기가 더 높다. 국내에서 채취된 흑해삼 대부분은 중국으로 수출된다.

피부와 체벽

대체로 해삼은 크기와 형태가 달라도 피부에 솟아난 돌기 모양을 확인할 수 있다. 돌기는 성게의 가시처럼 날카롭지는 않지만, 다른 물체가 쉽게 걸릴 수 있도록 작은 낚싯바늘 형태로 발달한 것도 있다. 피부에 근육이 없어도 상황에 따라 돌기가 피부 안쪽으로 숨어 들어가기도 한다. 극피동물의 피부와 비슷한 모습이지만, 아직까지 돌기의 기능은 명확하게 밝혀진 것이 없다.

피부에는 색소가 든 주머니를 비롯해 점액을 분비하는 세포, 감각을 느끼는 세포가 촘촘하게 흩어져 있다. 색소로 인해 같은 종이라도 몸 색깔이 서로 다르게 나타나기도 하고, 점박이 모습이 되기도 한다. 점액은 세균 등으로부터 몸을 보호하거나, 다른 생물의 접근을 막

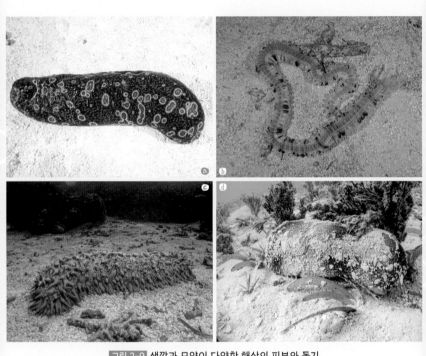

그림 2-9 색깔과 모양이 다양한 해삼의 피부와 돌기
(a: 돌기가 없는 얼룩무늬 피부, b: 거친 고리 모양의 돌기,
c: 별 모양의 돌기, d: 점액질로 모래가 피부에 붙은 모습)

기 위해 독특한 냄새를 피운다. 접촉이나 빛의 강도 변화를 느끼는 감각기능은 주변으로부터 경계하는 역할을 한다.

피부 안쪽은 근육질로 이루어진 체벽이 어느 정도 두께를 유지한다. 근육이 작용하여 몸이 수축했을 때에는 더욱 단단하고 두꺼운 구조가 된다. 딱딱한 근육 속에도 피부와 연결된 색소 주머니, 골편 그리고 감각을 느끼게 하는 원시적인 신경 구조가 있다.

골격 구조

극피동물은 마치 인간의 머리뼈와 같이 골격이 단단하고 모자이크 형태이며, 표면에는 가시가 발달했다. 이에 비해 해삼은 몸을 보호하는 외벽 형태의 모습이 없다. 심지어 몸의 틀을 유지하는 뼈와 같은 구조물도 없다. 다만 피부 안쪽이나 체벽 그리고 내장에 석회 성분의 미세한 뼈 조각(골편)이 흩어져 있다. 크기는 맨눈으로는 보기 어려운 0.1밀리미터가량이며, 수천만 개가 있다.

골편은 분포 위치와 상관없이 문손잡이 모양, 초롱 모양, 다공판 모양, 바퀴 모양, 막대 모양, 침 모양, 곤봉 모양 등 다양한 모습이며, 크기도 각각 다르다. 특히 골편은 해삼 종류에 따라 모양과 크기가 달라 종을 분류하는 기준으로도 사용한다. 하지만 그 크기가 너무 작

모양이 다양한 해삼의 골편

고, 서로 얽힌 모습도 아니어서 몸의 형태를 이루는 골격의 역할을 하는지는 아직 밝혀진 바가 없다. 일부 골편은 어디에 분포하느냐에 따라 그 배열과 위치에 방향성이 보이기도 해서 어떤 과학자는 골편이 "척추동물의 뼈를 이루는 원시적인 구조이다", "이동에 사용될 수 있다" 등의 추측을 하기도 한다.

내부 구조의 모습은?

해삼은 입과 내장, 호흡기관, 생식기관이 연결되어 있고 몸속은 이러한 내장기관이 아닌, 바닷물과 거의 같은 염분 농도의 액체로 채워져 있다. 마치 바닷물이 몸속을 그대로 채운 듯하다. 산란 직전에 알이나 정자가 발달하거나, 충분하게 펄을 흡입하여 몸속 공간이 거의 없을 때를 제외하고는 물속에 내장기관이 담긴 모습이다. 체벽의 근육을 원활하게 이완하거나 수축하기 위한 운동성을 유지하려면 내장기관이 꽉 차 있기보다는 공간적으로 여유가 있어야 하는데 이러한 특징이 반영된 것으로 보인다.

몸속 공간을 채운 액체를 별도로 만드는 기관은 아직 알려지지 않아서 열린 항문으로 들어온 바닷물이

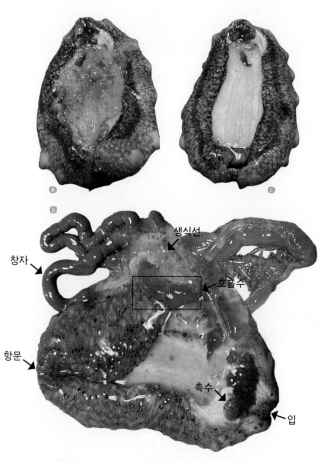

생식선

창자

호흡수

항문

촉수

입

그림 2-11 해삼의 내부 (a: 절개한 모습, b: 내장 분리, c: 내장 제거)

호흡에도 사용되고, 몸속 공간을 채우는 것으로도 추측된다. 이러한 이유로 해삼은 수분 구성 비율이 대단히 높다. 몸 구조의 각 부분을 무게로 비교해 보면 몸속 공간을 채운 수분이 50퍼센트, 체벽 30퍼센트, 피부 10퍼센트, 생식기관 5퍼센트, 소화기관 2.5퍼센트, 호흡수 2.5퍼센트로 몸속 공간의 수분이 체중의 절반 이상을 차지한다.

어떻게 소화할까?

　　해삼은 입 주변에 촉수가 발달하였다. 그래서 대걸레로 청소하듯이 촉수를 내밀어 바닥을 훑어서 먹이를 먹는다. 이빨이나, 고둥의 치설(齒舌) 같은 것이 없어서 먹이를 자르거나 갉아내는 방법을 사용하지 못한다. 내장기관도 아주 단순하다. 입과 연결된 소화기관은 동물의 창자와 같이 복잡하게 얽히기보다는 몸의 방향으로 길게 뻗어 있다. 펄에 섞인 다양한 종류의 유기물을 입을 통해 섭취하면, 창자를 통과하는 동안 펄 속의 유기물을 녹여 소화한다. 유기물이 분해되는 시간을 확보하기 위해 소화관의 전체 길이는 몸의 2배 정도로 길다. 인간의 창자에 비하면 상대적으로 길이가 짧아 펄 속의 유기물을 모두 소화하지 못하고 적당히 흡수한 뒤 배설한다.

그림 2-12 촉수를 이용해 먹이를 먹는 모습

그림 2-13 항문을 통해 배설하는 모습

펄을 먹은 다음 배설이 될 때까지의 소화 시간은 해삼 종류마다 다르지만, 대략 6~20시간이 걸린다. 10여 년 전 열대 지역 산호초에서 호기심으로 수중에서 해삼이 먹이를 취한 펄과 배설한 펄을 채취하여 유기물 양을 비교한 적이 있는데, 약 60퍼센트의 유기물이 소화된 결과를 얻었다. 또 배설물을 현미경으로 관찰했을 때 껍질이 단단한 작은 동물이나, 석회로 구성된 해조류인 산호말류는 유기물임에도 불구하고 전혀 소화가 이루어지지 않은 채 배출된 것을 확인하였다. 따라서 해삼은 펄이나 모래 속에서 분해가 가능한 유기물질을 대충 소화하고, 차라리 더 많은 먹이를 먹는 것으로 이해할 수 있다.

소화기관은 상세하게 식도, 위, 장 및 항문 등으로 나눌 수 있는데, 종에 따라 위가 없는 종도 있다. 펄을 훑어서 먹거나 유기물을 흡수하는 과정에서 펄이나 모래를 소시지나 순대를 만들 때 재료를 창자에 밀어 넣는 것처럼 차곡차곡 넣는다. 그러면 장을 통과하는 동안 유기물을 녹여 흡수하고, 나머지는 배설한다.

어떻게 호흡할까?

피부 그리고 피부의 표면에 연결된 호흡수(呼吸樹, respiratory tree)라는 기관이 대부분의 호흡 기능을 한다. 즉 해양 동물의 호흡에 필요한 아가미가 관찰되지 않는데, 이는 극피동물의 특징이기도 하다. 해삼 중에는 관찰이 거의 불가능할 정도로 호흡수의 크기가 작은 종류도 있다. 이런 종은 피부를 통해 호흡한다. 피부가 물속 산소를 흡수하기보다는 주로 몸속에서 발생하는 가스를 배출하는 역할을 한다. 호흡기관이 있는 동물은 혈관이 발달하여, 몸속 불순물과 영양분을 실어 나르면서 산소를 공급하고 물질대사의 결과로 생긴 가스를 배출한다. 하지만 해삼은 혈관이 발달하지 않아 세포에서 독립적으로 영양염을 흡수할 때 발생하는 가스를 그대로 피부를 통해 배출한다고 이해하면 된다. 해삼은 피부 호흡이 전체 호흡량의 40~90퍼센트를 차지한다.

호흡수는 원시적인 아가미와 유사하다. 모양은 마치 인간의 기관지와 비슷하게 나뭇가지 모양으로 갈라진 2개의 관이 몸속에 좌우 한 쌍 뻗어 있다. 바닷물이 항문으로 들어오면 호흡수가 그 물을 통해 호흡을 진행한다. 근육을 반복적으로 수축하고 이완하면서 항문을 통해 바닷물을 몸속으로 끌어들이거나 내보낸다. 결국 항문과 호흡수가 물고기의 아가미 기능을 하는 것이다.

호흡수 끝에는 '맹낭'이라고 부르는 작은 주머니가 연결되어 있다. 이것을 퀴비에기관(cuvierian organ)이라고 하는데, 호흡하면서 생긴 찌꺼기 등을 저장하는 곳이다. 해삼이 자극을 받아 근육이 경직되면 몸속에 보관된 물을 밖으로 내보내는데, 이때 여기에 모인 찌꺼기 등이 항문을 통해 몸 밖으로 배출된다. 이들은 점착성이 있고, 홀로수린(holothurins)이라는 독소가 포함되어 있어 해삼을 방어하는 물질이 되기도 한다.

호흡에 의한 산소 소비량은 우리나라에 주로 서식하는 돌기해삼의 경우 약 0.72~0.057mlO$_2$/ℓ이다. 돌기해삼은 해삼 중에 수온에 민감한 종인데, 일반적으로 15도 이하일 때는 호흡량 및 관련 생리 활동이 증가하지만 약 18도 전후의 수온에 이르면 호흡과 생리 활동을 급격히 줄이고 활동을 멈춘다.

신경과 혈관

　　신경 조직은 매우 엉성하게 근육이나 내장에 연결되어 있어서 감각기관이 별로 발달하지 않았다. 주로 입 주변에는 둥글게 형성된 신경구조와 연결된 촉수 신경(tentacular nerve), 피부나 항문 주위에는 감각세포가 일부 발달하였다. 이들은 작지만 촘촘하게 돌기 모양으로 형성되어 감각을 전달하는데, 이를 '화학수용감각기'라고 부른다. 이러한 기능은 항문 주변에도 발달해 있다. 호흡을 위해 항문을 통해 물을 끌어들일 때 열림과 닫힘이 반복적으로 이루어지는 과정에서 외부로부터의 침입이 가능하기에 이러한 기관이 발달한 것으로 생각된다. 피부 표면에는 아주 미세한 그물 모양의 신경구조가 피부 바로 아래에 펼쳐지듯 분포하여 접촉 등의 감각을 전달하여 자신을 방어하도록 점액질을 분비하거나, 노출된 돌기와 촉수를 응축하고 체벽 근육을 긴장시켜 몸을 단단하게 만들거나 입과 항문을 닫게 한다.

해삼에는 진정한 혈관이 없다. 따라서 근육이나 피부에 대한 영양 공급은 내장에서 녹은 영양염이 장 밖으로 투과되어 몸속 수액으로 확산하면 근육 세포가 각각 흡수하거나 전달하는 방식으로 이루어진다.

03
해삼으로 살아가기

바다 속 어디에서도
발견되는

　해삼류는 해안에서 하루 중 일부 시간 동안 물이
빠지는 조간대 펄, 모래 또는 자갈 지역이나 바위에 바
닷물이 고여 있는 조수 웅덩이, 얕은 수심의 바위 표면
이나 틈새, 산호초 등에서 살아간다. 수온이 0도에 이르
는 극지방이나 수천 미터 깊이의 심해 바닥에 이르기까
지 거의 전 세계 바다에서 살고 있다. 심지어 인간이 만
든 잠수정이 가장 수심이 깊다는 1만 1000미터의 마리
아나해구에 도달했을 때에도 바닥에서 해삼이 발견되었
다. 심해 연구가 활발해지면서 해저 바닥에서 발견되는
생물 가운데 해삼류가 수심 4,000미터에서는 50퍼센트,
8,500미터에서는 90퍼센트를 차지한다는 기록이 있다.

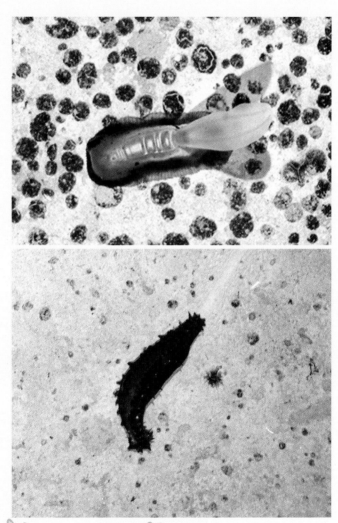

그림 3-1 수심 5,000미터의 심해에 사는 해삼

심해 바닥을 '해삼의 세상'이라고 표현해도 과언이 아닌 셈이다.

해삼은 바위나 모래, 펄 위를 기어 다니기도 하지만 일부 종류는 펄 속에 굴을 파서 마치 두더지처럼 헤집고 다니거나, 말미잘처럼 펄 속에 몸을 숨기고 촉수만 펄 밖으로 내밀어서 먹이를 걸러 먹는다. 해삼은 아직 강이나 호수 등 민물에서는 산다는 기록이 없으며, 소금기가 있는 지역에서만 살아가는 것으로 알려졌다. 다만 담수의 영향을 받는 강 하구 주변 갯벌 속에서 간혹 발견되는 종이 있다. 이렇게 짠물에서만 발견되는 특징은 해삼이 속한 극피동물 모두에서 동일하다.

우리나라를 비롯한 동아시아에서 수산물로서 가장 많이 알려진 돌기해삼은 서식하는 위치가 성장 시기에 따라 다르다. 어린 시절에는 주로 숨어서 지내는데, 수심이 얕은 지역의 모래 속이나 바위틈에 몸을 감춘다. 가을철에 물속의 바위를 들춰보면 크기가 손가락만 한 해삼이 옹기종기 바위 바닥에 붙어 있는 것을 볼 수 있다. 수온이 낮은 겨울철에 활발한 먹이 활동으로 크기가 커지면 더 많은 먹이를 확보하기 위해 수심이 깊은 해저

그림 3-2 다양한 형태의 해삼
(a: 펄 속에 사는 닻해삼, b: 촉수만 내민 광삼,
c: 바위틈에서 머리만 내민 종, d: 크기가 수 cm에 불과한 종)

펄 위로 몸을 노출한 채 이동한다.

　　몸에 가시나 갑각(甲殼)처럼 자신을 방어하는 무기도 없이 물컹한 살덩어리와 같은 모습이지만, 특별한 포식자가 없다. 노출에 겁내지 않고, 느린 속도로 이동하면서 살아가는 얼마 되지 않는 해양 동물이다. 아마도 유일한 적이 있다면 바다에 살지 않는 인간일 것이다.

믿는 구석이 있는

펄이나 바위에 붙어 있는 먹이를 먹기 위해 아주 천천히 머리를 좌우로 움직이는 모습, 소화한 것을 배설하는 모습 등을 보면 해삼은 아주 쉬운 먹잇감으로 보인다. 하지만 어린 해삼을 제외하고 해삼을 포식한다는 해양생물을 들어본 적이 없다.

가끔 호기심에 찬 물고기가 해삼 가까이 다가가서 건드리거나, 해삼 몸에 붙어사는 생물을 잡아먹으려고 할 때가 있다. 그러면 해삼은 쥐어짜듯 몸을 슬며시 비틀면서 피부에서 무색의 물질을 분비하거나, 항문을 통해 내장이나 몸속에 보관하고 있던 수액을 배출한다.

내장은 포식자들이 좋아하는 부위이다. 그래서 일부 해삼을 소개하는 내용 중에는 해삼이 내장을 배출함으로써 포식자를 대신 만족시키고, 그사이에 도망간다고 설명하기도 한다. 하지만 내장을 버리고 달아나더라도 어느 생물도 내장을 먹으려고 덤벼들지 않는다. 또 내장을 버린 후에도 해삼의 이동 속도는 도저히 도망간다고 표현할 수 없을 정도로 느리다.

일부 연구 결과에 의하면 내장을 버리는 일은 또 다른 생존 전략임이 밝혀졌다. 내장을 배출할 때 함께 버려지는 물질이 있다. 홀로톡신 또는 홀로수린으로, 바로 사포닌 계통의 물질이다. 우리는 사포닌이 '인삼'에 풍부한 매우 유익한 천연물질로 알고 있다. 하지만 해양 동물에서 사포닌은 마치 '스컹크의 방귀'와 같은 역할을 한다고 한다. 우리는 느끼지 못하지만, 해양 동물만이 인식하는 고약한 냄새가 나는 물질인 것이다. 해삼으로부터 내장이 배출되면서 내장에서 분비되어 확산하는 사포닌이 해삼 주변을 얼씬거리는 다른 생물에게 열악한 분위기를 만드는 셈이다.

해양 동물 중에는 방어물질을 몸에 간직한 종류가 제법 있다. 특히 알 표면에 사포닌이 있어서 보호를 받는 생물도 있고, 군소와 같이 노출된 모습으로 천천히

그림 3-3 방어물질을 배출하는 해삼 (a: 몸속 생식소를 배출하는 모습,
b: 몸을 뒤집어서 방어물질을 배출하는 모습)

움직이면서 살아가는 생물은 분명 방어물질을 분비한다. 즉 해삼이 내장을 배출하는 것은 다른 생물의 접근이나 접촉을 피하기 위한 수단이다.

태평양 섬나라 원주민들은 전통적으로 해삼을 먹지 않으며 단지 채취해서 조각이나 즙액을 내어 작살 촉에 바르거나 물에 풀어서, 물고기를 죽이거나 마취한 뒤 포획하는 방법을 사용하였다. 냄새도 없는 이 물질이 독이나 마취 성분이라는 것을 어떻게 알았는지 대단하다. 다만 사포닌 성분은 물에 쉽게 용해되기 때문에 일시적인 효과는 있으나 영구적이지는 못하다. 앞서 비교한 스컹크의 방귀가 물속에서 하는 역할과 유사하다. 일부 산호초에 사는 해삼은 끈적끈적한 내장을 뿜어 적을 함정에 빠뜨리거나 혼란을 주기도 한다.

밖으로 배출된 해삼의 내장은 재생된다. 내장에는 창자를 비롯해 알이나 정자를 보관하는 생식기관 등이 들어 있다. 따라서 이들을 모두 내보내면 먹이 활동과 생식 활동을 할 수 없게 된다. 종에 따라 또는 환경에 따라 시간적인 차이는 있으나 반드시 복원된다.

한 마리가 두 마리가 되는 재생력

해삼은 재생 능력이 탁월하여 몸의 반이 잘려도 소생할 수 있으며, 단기간 내에 본래의 모습으로 돌아온다. 다시 말해 해삼의 입을 절단하거나 몸을 두 동강 내도 시간이 지나면 원래 모양을 되찾는다. 잘린 자리가 아물기만 하는 것이 아니라, 피부와 근육이 재생력을 갖추고 입이나 내장을 다시 만들어낸다. 불가사리의 팔이 재생되는 것과 같은 논리일 듯하다. 심지어 돌기해삼은 절단하면 두 마리가 된다. 잘린 개체에서 입만 남았다면 잘린 부분에 항문이 생기고, 반대로 항문이 남은 개체는 입이 다시 생긴다.

그렇다고 해서 해삼을 잘게 잘랐을 때 모두 재생

그림 3-4 해상의 절단 (a: 물 밖으로 노출되자 몸을 자르려고
마디를 만드는 모습, b: 몸을 뒤틀어 절단을 시도하는 모습)

하여 여러 마리가 되는 것은 아니다. 돌기해삼의 경우 수온이 10도 이하로 낮으면 재생 시간이 40일쯤 소요되는데, 수온이 20도 전후로 높으면 재생이 진행되지 않아 모두 사망하기도 한다. 일본 홋카이도 지방에서는 해삼을 채취하여 값이 비싼 내장을 뽑아낸 후에 다시 해삼을 반으로 잘라서 방류하여 자원을 늘리기도 한다.

열대 해역에 서식하는 해삼은 피부 상태를 외부 환경에 맞추어 질이나 색깔을 바꾸기도 한다. 심지어 해삼이 직접 몸을 끊어내기도 한다. 확실한 이유는 알려지지 않았지만, 다른 생물체의 접촉 등 자극이나 높은 수온, 수질 조건, 산소 결핍과 같은 환경적인 스트레스 등이 작용하는 것으로 추측한다. 심해에 사는 해삼에서는 스스로 몸을 끊거나 재생하는 능력에 대한 보고가 없다. 갯벌 속에서 살아가는 닻해삼류는 스스로 몸을 끊는 행위를 빈번하게 진행하는데, 이러한 방식이 무성생식의 일부라고 해석하는 연구자도 있다.

더불어 사는 모습

해삼은 위기가 닥쳤을 때 자신을 보호하는 방식으로 다른 생물이 싫어하는 방어물질을 분비하지만, 오히려 해삼에 의존하여 살아가는 동물도 제법 있다. 바로 해삼의 피부와 유사한 색으로 위장하여 살아가는 작은 생물들이다. 이들은 해삼의 피부를 은신처로 삼기도 하지만, 피부 위를 기어 다니면서 표면에 붙은 다른 유기물을 먹기도 한다.

가늘고 긴 모습으로 진화한 '숨이고기'라는 물고기는 해삼의 항문을 오가면서 숨기도 하고, 배설물에서 먹이를 찾기도 한다. 닻해삼은 갯벌에 굴을 파고 사는데, 굴로 신선한 물이 공급되기 때문에 비늘갯지렁이나 고둥 따위가 호흡하면서 살 수 있는 공간을 제공한다. 닻해삼

그림 3-5 작은 생물의 서식공간이 되기도 하는 해삼 피부
(a: 복잡해 보이는 해삼 피부, b: 해삼 피부에 공생하는 생물)

의 피부와 식도, 내장에는 조개류가 기생한다.

일부 고둥 종류는 해삼의 몸속에서 유생이 살아가는 숙주로 역할을 한다. 해삼이 이들에게 중요한 서식 장소가 되는 것이다. 살아 있는 해삼의 피부나 돌기를 현미경적으로 관찰하면 더욱 다양한 기생 또는 공생 생물을 찾아낼 수 있다.

느리지만 폭넓은 움직임

자연에서 해삼이 이동하는 방식은 잘 알려지지 않았다. 우선 먹이를 구하기 위해 이동할 것이고, 그다음은 환경에 적응하기 위한 이동도 있다. 돌기해삼은 수온이 높으면 대사를 멈추기 때문에 수온이 상승하는 시기에는 보다 깊은 곳으로 이동한다.

아무리 들여다봐도 해삼에서는 다리를 찾을 수 없다. 해삼은 뱀처럼 몸의 근육을 이완하고 수축하는 방법을 사용하기도 한다. 해삼류의 체벽에는 좌우 방향으로 형성되는 종주근과 둥근 모습을 유지하는 환상근이 잘 발달해 있고, 이들이 서로 연계하여 전후좌우 수축이 가능한 평활근 구를 나타낸다. 하지만 주요 이동수단은 배 부분에 돋은 수백 개의 작은 관족으로, 이들이 바쁘게 바닥을 짚으면서 이동한다. 갯벌에서 살아가는 닻해삼은 야간에 물 밖으로 나와서 물 흐름을 이용하여 더욱 멀리 이동한다.

해삼의 이동 속도는 종에 따라 차이가 있으나 보통 10cm/분으로 매우 느리다. 물속에서 관찰하면 도저히 움직이는 것 같지 않게 보이지만, 하루 종일 100미터 넘게 이동할 수 있다. 이동 거리는 먹이에 따라 달라지는 것으로 알려졌는데, 먹이가 풍부한 연안이나 가두리 양식장 아랫부분에서 해삼 몸에 번호를 매긴 표를 단 후 이동 양상을 관찰한 결과, 하루에 평균 직선거리로 15~50미터 정도 위치에서 발견되었다. 물론 직선으로만 가지는 않을 것이고, 실제 이동량은 이보다 훨씬 더 클 것으로 예상한다.

바닥에 널린 먹이를 먹다

해삼은 '해저의 청소부'로 불리기도 한다. 빗자루나 먼지떨이처럼 생긴 촉수로 온종일 바닥을 진공청소기처럼 훑고 다니면서 펄이나 모래를 먹고, 그 안에 포함된 유기물을 장에서 소화한 다음 항문을 통해 퇴적물을 버린다. 펄 바닥에 쌓인 물고기나 해양생물의 사체에 붙어 썩은 부분을 먹기도 하고, 바위 표면에 달라붙어 있는 유기물이나 해조류를 훑어 먹기도 한다.

열대 산호초에 사는 해삼은 죽은 산호초에 붙은 유기물이나 해조류를 훑어 먹지만, 산호를 먹지는 않는 것으로 알려졌다. 즉 살아 있는 생물보다는 죽거나 유기물로 분해되는 종류를 먹는다. 펄이 아닌 기타 유기물을 먹을 때는 장에서 원활하게 이동하도록 점액질을 묻히는

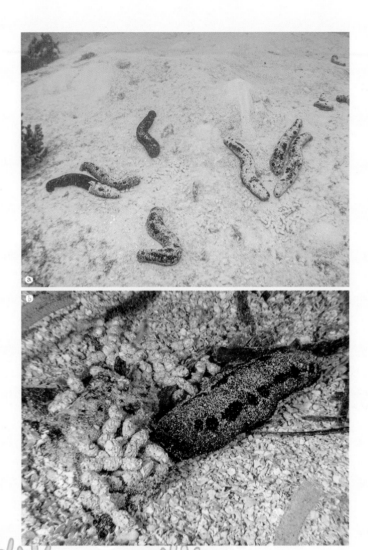

그림 3-6 먹이 활동과 배설
(a: 활발하게 먹이 활동을 하는 모습 b: 배설물이 쌓인 모습)

데, 점액질로 싸인 똥은 역시 원활하게 배출된다.

해삼의 배설물은 점액질로 인해 긴 관이나 둥근 형태를 띤다. 펄이나 돌 틈에 사는 종류는 몸을 숨긴 채 떠다니는 먹이를 걸러 먹기 위해 마치 꽃처럼 촉수를 내밀고 있다. 이는 거의 이동하지 않는다는 뜻이다. 펄 속에 사는 닻해삼류는 바깥쪽으로 입을 내민 후에 주변에 쌓인 펄을 훑어 먹거나, 굴을 만들면서 흙을 먹기도 한다. 돌기해삼의 경우 하루에 약 10그램 이상의 펄이나 모래를 섭취한다. 물론 종에 따라 또는 크기에 따라 그 양은 큰 차이를 보인다. 하지만 일 년 동안 섭취한 양을 생각하면 거의 4킬로그램에 이른다. 표층의 면적으로 생각하면 약 100제곱미터의 면적으로 상상할 수 있다.

해삼은 하는 일이라고는 먹고 싸는 일이 전부인 듯하다. 그러나 이렇게 '모래 진흙을 삼켜 유기물을 섭취하고 항문을 통해 배설물 내보내기'를 반복하는 해삼의 특성은 바다를 정화하는 중요한 역할을 한다.

얼마나 오래 살까?

해양 동물 가운데 물고기는 비늘이나 이석(耳石, 귀를 구성하는 골격)을 현미경으로 관측하면 나이 추정이 가능하고, 같은 친척인 성게도 가시나 골격에 나이테처럼 새겨진 흔적으로 연령을 측정할 수 있다. 해삼은 외형적으로 나이를 측정할 수 있는 기관이나 흔적이 없다. 따라서 나이를 알기 어렵다.

해삼은 일 년만 사는 종도 아니고, 번식을 끝낸 후 문어처럼 운명을 마무리하는 종도 아닌 듯하다. 최근에는 피부나 체벽에 포함된 골편이나 촉수를 절단하여 미세한 성장을 확인하는 검사를 통해 나이를 파악하는 연구가 진행되고 있다. 그러나 정확성에서 아직 일반적인 방식으로 인정받지는 못하고 있으며, 무엇보다도 나이에 대한 호기심에 비해 이러한 방법은 비용이 지나치게 많이 든다.

현재까지 알려진 바에 따르면 열대 해역에 서식하는 종은 30년 이상 살며, 심해에 사는 종은 50년 이상 심지어 100년 넘게 살 수 있는 것으로 추측된다. 돌기해삼은 오랜 양식 활동을 통해 부화에서 성장까지 관찰하면서 크기와 무게에 따라 연령을 가늠하고 있다. 일반적으로 2년생은 13센티미터(중량 122g), 3년생은 18센티미터(중량 307g), 4년생은 21센티미터(중량 470g) 정도로 추정한다. 하지만 수산물시장이나 횟집에서 해삼을 구매하며 연령을 상상해 볼 때 근육의 자유로운 이완과 수축, 몸속을 채운 50퍼센트 이상의 무게를 가진 수분 양 때문에 길이와 무게로는 정확한 나이 추측이 어렵다.

여름잠을 자다

해삼은 극지방에서 열대지방 바다에 이르기까지 어디에서도 발견된다. 그러나 일부 수온에 민감한 해삼도 있다. 돌기해삼은 찬물을 선호한다. 그래서 수온이 20도 이상 올라가는 시기에는 신진대사를 멈춘다. 우리나라에서는 5월 전후에 주로 산란을 마친 돌기해삼이 수온이 올라가는 7월 중순 이후 바위 밑과 바위틈 등에서 먹이 활동도 중지하고, 근육을 수축한 상태에서 수온이 다시 내려갈 때까지 전혀 활동하지 않는다.

곰이나 다람쥐 같은 동물이 겨울잠을 자는 것처럼 해삼이 여름에 움직이지 않는 모습에서 여름잠(summer sleeping, 夏眠)을 잔다고 표현한다. 7월부터 9월 사이, 연안 바닷가에서 잠수할 때 쉽게 눈에 띄던 해삼을 전혀 찾을 수 없는 이유이다. 혹시 우연히 발견하여 배를 갈라 보면 내장기관이 쪼그라든 상태로 전혀 먹이 활동이 없는 것을 확인할 수 있다. 여름철, 동해 바다 깊은 해역에 고둥 등을 잡기 위해 설치한 통발에서 간혹 해삼이 채집되는 경우가 있는데, 이는 수온이 높아지면 해삼이 비교적 수온이 낮은 깊은 바다로 이동한다는 증거이다.

그렇다고 모든 해삼이 따뜻한 물을 싫어하는 것은 아니다. 수온이 거의 30도에 이르는 산호초 지역에도 다양한 종류의 해삼이 서식하기 때문이다. 산업적으로 가장 많이 채취되는 돌기해삼의 특성으로 마치 해삼 전체가 따뜻한 바다를 피한다고 생각할 필요는 없다.

암수 구분

해삼류는 보통 성별이 구분되어 있다. 하지만 외형상으로는 구별이 어렵다. 해삼에서 성(性)의 분리나 구별은 아직 자세히 알려지지 않았다. 몇몇 종에 있어서 어린 시절에는 성이 정해지지 않지만, 성장하면서 성이 구분된다고 추정된다.

성별은 성숙한 상태에서 생식기관인 생식소에 포함된 정자나 알의 색깔로 알아보는 것이 유일한 방법이다. 정자는 일반적으로 흰색을 띠고, 난자는 노란색에서 붉은색이 대부분이다. 수정은 몸 밖에서 이루어지기에 암컷과 수컷이 무언가 교감을 나눈다. 수컷이 분비한 호르몬은 물속에서 확산하는데, 이때 기어 다니는 몸을 일으켜 세우거나 바위 면을 타고 올라가서 좌우로 머리를

그림 3-7 정액을 뿌리는 모습

흔들면서 머리 부분에 있는 정자 주머니를 통해 정액을 뿌린다. 그러면 암컷은 정액 배출을 알아채고 산란한다. 이는 배출된 정액을 더욱 멀리 확산할 수 있는 방식일 것이다.

암컷의 정액 인식은 피부에 있는 별도의 감각기능에 의한 것으로 추측된다. 이러한 가정은 일부 열대 바다에 사는 해삼이 피부에서 정액을 감지하면 알을 낳는다는 사실에 따른 것이다. 대부분 알이 피부에 붙어 있는 상황에서 수정하고, 다시 수정란을 피부 속에 넣어 발생 과정을 거치는 종류가 있다.

펄 속에 사는 닻해삼의 경우 구멍을 파다가 암컷과 수컷이 만날 확률과 정액을 뿌렸을 때 암컷의 몸에 이르게 될 확률은 거의 없어 보인다. 일부 연구자들은 갯벌에 사는 해삼류의 해부에서 생식소를 찾을 수 없었고, 일부 개체에서 매우 빈약한 생식소가 발견되었기 때문에 무성적(無性的)으로 몸을 잘라 분열하는 방식으로 종이 번식할 것으로 추측하고 있다.

자식 지키기

해삼은 한 번에 200만 개 이상의 알을 낳고, 몸 밖에서 수정한다. 충분히 성숙한 생식세포는 정자보다 난자가 더 큰데, 돌기해삼의 경우 정자의 지름이 약 70 마이크로미터라면 난자는 약 500마이크로미터에 이른 다. 둥근 모양의 난자는 방출된 후 사방으로 퍼지면서 바닥으로 가라앉는다. 이 과정에서 수정과 부화가 이루 어지는 확률은 매우 낮을 것이기에 일부 해삼류는 산란 후에 알이 흩어지지 않도록 피부에서 점액질을 분비해 알을 몸에 붙인다. 앞서 설명했듯이 피부 표면에서 대기 하던 알은 정자를 만나면서 수정된다.

수정이 이루어지면 점액질에 싸인 수정란이 피부 사이에서 부화한다. 부화 기간 동안 피부에 알을 보호하는 작은 주머니가 만들어지는 종도 있으며, 일부 종은 피부 아래 체벽에 보육 주머니가 발달하여 알이 주머니 안으로 들어가서 부화가 진행된다. 마치 입속에서 알을 부화하는 물고기나, 수컷의 배에서 부화하는 해마의 경우처럼 수정에서 부화에 이르는 일련의 과정을 비교적 안정적으로 유지할 수 있는 전략이다. 수 주가 지나서 부화하면 변태 기간을 거치는 유생의 모양을 갖추는데, 이때 부화 주머니에서 나와 바다 속을 헤엄치며 이동한다.

해삼으로 일생 시작!

부화 후 유생의 모습이 갖춰지면 해삼은 결국 혼자서 변태하여 어미와 꼭 닮은 모습으로 살아간다. 20여일간 여러 가지로 모양이 바뀌는 변태가 일어나는데, 이 기간에도 먹이를 포획해야 한다. 해양생물 중 유생 생활을 하는 종의 일부는 어미로부터 미리 영양분을 충분히 받아서 특별히 먹이 공급을 받지 않아도 되지만, 해삼의 유생은 물속에 떠다니면서 5개의 촉수로 플랑크톤을 잡아먹어야 한다. 돌기해삼은 20여 일간 약 1밀리미터 크기로 성장하고, 마지막에 어미와 유사한 모양으로 변태를 마무리한다. 변태 이후에는 2개월에 크기가 약 5밀리미터, 4~5개월 후에는 약 10밀리미터에 이르는 비교적 빠른 성장을 한다. 양식 연구 결과, 해삼은 약 3년 만에

성숙해서 다음 세대를 생산할 수 있으며, 5년 이상 생존
하는 것으로 알려졌다.

04

해삼, 정말로 바다에서 얻는 인삼인가?

효능을 연구하다

중국은 오래전부터 거의 모든 음식이나 식재료를 식감이나 맛뿐 아니라 건강 요소를 고려하여 소개하고 있다. 해삼은 바다에서 그물이나 낚시가 아닌 잠수를 통해 직접 잡아야 하기에 다른 해산물에 비해 구하기 어려운 것으로 알려졌다. 건강에 좋다고 하여 '해삼'이란 이름이 붙었다고 하지만, 인삼처럼 구하기 어려운 소재인 것도 한몫했다고 생각된다. 그 귀함을 더하기 위해서였는지 민간요법의 소재로 강장제나 의약 보조 재료로 소개된 사례가 제법 있다. 명나라 초기에 해삼은 의약 효능이 있는 식품으로 "혈액, 신장에 영양을 공급하며 변비 및 설사를 치료한다"라고 전하였다. 음식이 질병을 예방하고 건강을 유지하며 치료를 위한 처방이라고 인식한 것이다.

해삼을 영양학적으로 분석하면 수분이 많고, 단백질과 지방 성분이 상대적으로 적은 식재료라고 할 수 있다. 따라서 영양 성분에서는 의미를 두기 어려운 수산물인 셈이다. 하지만 적은 양으로도 건강에 도움을 주는 무기물과 단백질 요소를 보면 다르게 이해할 수 있다.

우선 칼슘과 철의 함량이 아주 높아 어린이나 임산부의 혈액순환 작용을 도와준다. 요오드와 알긴산은 몸속 신진대사 활동을 촉진하여 혈관 정화 등 다양한 역할을 한다. 탄수화물 성분인 뮤코(muco) 다당류는 위장의 점액층을 만드는 데 관여하며, 위장 내벽의 상피세포를 화학적 자극 또는 기계적 손상으로부터 보호하고 유지한다. 해삼 내장에 많이 들어 있는 바나듐은 남성의 건강 증진에 매우 효과적이다.

해삼의 효능 연구는 일본과 중국을 중심으로 다른 어떤 수산물에도 뒤지지 않을 만큼 다양한 분야에서 활발하다. 우리나라에서도 해삼 성분 및 영양학적인 연구가 활발히 진행되어 추출물과 관련한 다량의 국외 특허를 확보했다. 생물 구성 성분을 분석하는 과학기술이 발달하면서 단순한 영양 요소나 무기물과는 다른, 생물이 삶의 목적을 위해 생산하는 독특한 천연물이 발견되고 있다. 해삼 역시 콘드로이틴, 사포닌, 타우린, 항산화효소 등 해양생물에 들어 있는 활성 물질과 해삼에서만 확인할 수 있는 홀로톡신 등 50여 종이 넘는 천연물 성분의 집합체임을 확인하였다.

콘드로이틴(chondroitin)

해삼 추출물에는 콘드로이틴이 함유되어 있다. 콘드로이틴은 피부의 수분과 영양분을 축적해 주는 물질로, 피부 노화에 관계하기 때문에 화장품이나 피부를 보

그림 4-1 콘드로이틴을 추출하여 생산한 화장품

호하는 제품 광고에서 자주 등장한다. 해삼은 이외에도 아미노산 및 단백질, 요오드 성분을 다량 포함하여 피부의 주름 완화와 미백, 청정화 효능 등으로 여성에게는 호감이 가는 해양생물이다.

피부 자극이나 독성이 없고, 안정적인 보습과 주름 개선 기능이 우수하여 이미 화장품 원료로 사용되고 있다. 또 스스로 신체조직을 재생하는 해삼의 능력이 피부에 염증, 상처와 상처의 속도 회복을 신속하게 하여 새로운 피부 조직을 형성하거나 복원하는 데 효과적이라는 결과도 얻고 있다. 특히 해삼에 포함된 황산콘드로이틴은 연골조직에 윤활성과 탄력성을 준다는 연구 결과가 최근에 발표되었다.

사포닌(saponin)

인삼이나 도라지, 감초 등에 들어 있는 심장 강화 기능 및 가래약 성분이자 기침을 멈추게 하는 효능의 사포닌이라는 생리활성 물질이 있다. 대다수 식물에 함유된 성분으로 동물에서도 불가사리나 해삼 같은 극피동물에 포함되어 있다.

사포닌은 하나의 정해진 물질이 아니다. 성분은 스테로이드 계통으로, 비누 형태의 발포작용을 나타내는 물질을 총칭한다. 이름도 '비누'라는 뜻의 라틴어 '사포 (sapo)'에서 유래하였는데, 사람 몸에서 면역력을 높이는 것으로 알려진 천연 물질이다. 따라서 인삼과 산삼에 들어 있는 사포닌 성분을 엄밀하게 화학적으로 분석하면 해삼이 포함한 사포닌과는 물질과 구조성분이 다르다.

해삼에 함유된 사포닌은 인삼과 비슷하나 화학구조에 황 성분이 포함되며, 사람의 관절염에 효능이 우수한 약리작용을 보인다. 특히 용혈, 세포증식억제, 항암 및 항종양 활동의 생물학적 효과가 나타나기도 하는데, 해삼에서 사포닌은 생식소 또는 체벽에 다량으로 들어 있어 우리가 회나 음식으로 먹는 부위에서 모두 사포닌을 얻을 수 있다. 인삼과 다른 화학구조와 황 함유량이 높다는 점이 식물의 사포닌 성분에 비해 안정성과 효능 면에서 아직도 많은 연구가 진행되어야 할 이유이다.

홀로톡신(holotoxin)

홀로수린(holothurin)이라고도 한다. 해삼 내부의 다양한 조직과 세포에서 균의 침입을 막는 생체방어물질이다. 해삼이 일부러 만든다기보다는 호흡하는 과정에서 생성된 노폐물에 포함된 성분이다. 따라서 체벽 조직에 고르게 존재한다고 볼 수 있으며, 해삼을 즙으로 만들 때 확보할 수 있다. 간혹 항문으로 배출하는 과정에서 상당량이 바다로 나오기도 한다.

현재 해삼에서 추출한 홀로톡신은 의학 보조제로 피부 건조증, 가려움증에 효과적이어서 모발 제품등에 사용되고 있는데, 최근에는 무좀에 효과가 있는 것으로 알려졌다.

타우린(taurine)

담석 용해와 간장의 해독 기능을 강화하는 담즙 물질로, 피로 회복을 위한 건강식품 광고에서 쉽게 접하는 이름이다. 해양생물에 풍부하게 들어 있으며, 해삼 추출물에서도 다량의 타우린이 검출된다. 타우린은 말린 오징어에 하얗게 묻어 있는데, 해삼에서도 말린 상태에서 피부 표면에 주로 노출된다.

그림 4-2 상품으로 생산하기 위해 말리는 해삼

콜라겐(collagen)

기관 및 조직 사이를 연결하는 결합조직의 주성분으로, 피부의 신진대사를 원활하게 하고 뼈나 치아를 감싸는 유기물질 대부분을 만든다. 특히 뼈와 피부 중에도 포함되어 있다. 우수한 콜라겐은 혈관을 튼튼하게 할뿐더러 피부의 탄력을 유지하고 잔주름을 예방하며, 특히 수분 보유량을 높이는 능력이 있어 영양제나 화장품의 기초 원료로 많이 이용된다. 최근에 콜라겐 제품은 주로 돼지 껍질을 원료로 만들고 있다.

해양에서는 오징어, 조개 등 연체동물 근육에 콜라겐 성분이 많이 들어 있고, 특히 해삼을 구성하는 체벽은 콜라겐 섬유로 이루어져 있어 해삼을 먹으면 충분하게 섭취할 수 있다.

오메가-9(omega-9)

해삼 추출물에 풍부한 아미노산으로, 체벽에 포함된 콜라겐에 약 11~14퍼센트가 들어 있는 주요 구성 성분이다. 오메가-9는 생소한 성분이지만, 우리 몸에서 콜레스테롤을 낮추고 면역체계를 증진하는 한편 태아와 어린이의 성장 발육에 관여한다. 또 위산이 과다하게 분비되는 것을 막아주고, 변비 개선과 유방암 방지, 신경세포의 활성화 등에 도움을 주는 것으로 알려진 영양물질이다.

폴리페놀(polyphenol)

우리 몸속의 활성산소를 제거해 주는 항산화 물질 중 하나이다. 활성산소는 인체 내 정상 세포의 대사 과정에서 다양한 형태의 산화 반응 부산물로 만들어진다. 폴리페놀과 같은 페놀성 화합물은 항산화 활성, 항염증 등 생리활성효능이 있는 것으로 알려졌다. 해삼 추출물에도 우수한 폴리페놀이 포함되어 있다.

이외에도 피부에 검버섯을 만드는 멜라닌 생성 세포인 M-3 세포에 해삼 추출물을 처리했을 때 멜라닌 합성을 크게 억제하는 효과가 확인되어, 해삼 추출물이 기능성 화장품의 천연 미백 재료로 활용 가능한지를 확인하고 있다. 해삼 추출물은 위염에 대해 위점막 재생을 촉진하는 효과가 있고, 기타 항바이러스, 항암, 항염 및 면역조절 등에도 효과가 있는 것으로 알려졌다. 한편 탄닌(Tanin) 성분은 암과 위궤양을 막고 식욕 증진, 신진대사 활성, 비만 예방에 효과적이라고 한다.

2000년도 노벨생리의학상을 수상한 미국 컬럼비아대학교의 에릭 캔들(Eric R. Kandel) 교수는 해삼에서 기억을 관장하는 단백질인 '크렙(creb)'을 발견하였다. 크렙은 뇌세포의 핵 속에 있는 분자로서 기억세포들을 연결하는 단백질의 형성을 돕는 유전자를 활성화하여 '기억의 스위치를 켜는' 역할을 하는데, 이러한 단백질을 해삼으로부터 확보하여 기억력을 강화하는 제품으로도 개발하고 있다.

05
해삼을 요리하다

식재료, 해삼

해산물을 먹기 위해 횟집을 방문한 사람이면 식전 메뉴로 얇게 썰어서 접시에 담긴 해삼을 경험해 보았을 것이다. 원래 모습이 어떤지 상상은 안 되지만, 초장에 발라서 그 맛을 느꼈을 것이다. 우연히 식당 수족관에서 살아 있는 해삼을 보았을 때, 그렇게 식욕이 당기는 모습이라고 생각하기는 어렵다. 아마도 온전한 모습의 해삼을 먼저 보았다면 그렇게 썰려 있는 조각을 입으로 가져가지 못했을 것이다.

해삼은 해산물 중에서도 유난히 식감이 쫄깃한데, 아무 맛도 없는 듯하면서 은근한 쓴맛이 느껴지는 식재료이다. 해삼은 이름에서 알 수 있는 인삼의 이미지와 몸을 절단하거나 내장을 토해낸 상태에서 빠르게 재

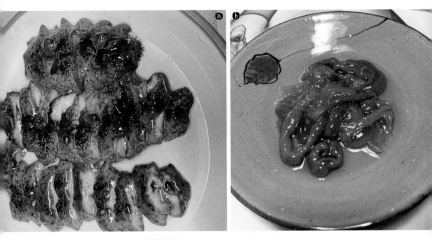

그림 5-1 날것으로 먹는 해삼 요리
(a: 해삼회, b: '고노와타'라고도 불리는 해삼 창자로 만든 젓갈)

생하는 모습 그리고 오래전부터 전해 내려온 유익한 식
품이라는 정보 등이 어우러지면서 건강과 기력을 증진
해 주는 식품 중 하나로 인식되어 그 수요가 급격히 증가
하고 있다. 이미 우리나라에서는 국민 기호 수산물 중의
하나로 해삼을 지정하였고, 8대 건강 참살이(wellbeing) 수
산물로도 선정하였으며, 10대 전략 수산 생산품에 해삼
을 포함해 두었다.

영양 성분

　전 세계 1,500여 종의 해삼 중에 40여 종의 해삼이 식재료로 사용되고 있다. 그중에 가장 많이 사용되는 종이 동북아시아에 서식하는 돌기해삼이다. 이 종은 한국, 중국, 일본에서 가장 인기 있는 해삼이어서 생산량이 많음에도 불구하고 다른 해삼에 비해 비교적 비싼 값으로 거래된다. 물론 열대 바다에 서식하는 종도 식재료로 높은 가격에 거래되기도 한다. 여기서는 해삼 가운데 생태나 서식 정보가 가장 많은 종이 돌기해삼이기 때문에 해삼의 영양에 대한 정보도 돌기해삼에 한정하여 소개하고자 한다.

　돌기해삼은 열량이 25kcal/100g 정도밖에 안 되는 저칼로리 식재료이다. 감촉이 미끈거리면서 매우 단단한 편이지만, 수분이 91.2퍼센트나 되는 '물로 구성된' 몸이라고 할 수 있다. 4.4퍼센트의 단백질과 0.3퍼센트의 지방으로 단단한 육질을 형성한다. 탄수화물은 0.8퍼센트에 불과하다. 앞서 해삼의 50퍼센트가 물로 구성되었다고 하였는데, 여기에 제시된 자료는 살과 근육에만 한정한 것이다. 식재료로 사용되는 말린 해삼은 성분 비율이 다르다. 잘 말린 해삼은 대부분 수분이 제거되어 약 1.5퍼센트만 남아 있고, 단백질이 77.6퍼센트, 지방이 0.9퍼센트, 탄수화물이 3.0퍼센트를 차지한다. 단백질 함량은 높고, 상대적으로 탄수화물과 지질 함량은 낮아서 고단백 식재료 중 하나로 꼽힌다. 근육을 구성하는 콜라겐 성분과 함께 콘드로이틴 성분도 풍부하다.

　　육지나 바다에 사는 동물성 식재료의 대다수가 산성을 띠는 것과 달리, 돌기해삼은 드물게 알칼리성으로 필수아미노산과 글루탐산, 타우린이 풍부하고 칼슘, 철, 인, 아연, 망간 등과 비타민(B1, B2, B3, E), 요오드 등 다양한 무기질 성분이 많이 함유되어 있다. 특히 요오드는 1킬로그램의 건조 해삼에 6,000마이크로그램(㎍, 1마이크로그램=백만분의 1그램)이 들어 있다.

요리 세상

해삼 요리는 대부분 중국식당에서 쉽게 찾아볼 수 있다. '팔보채', '삼겹살찜' 등 값비싼 해산물 요리를 주문했을 때 마치 묵과 같이 물컹한 식감을 보이거나, '양장피', '유산슬' 등에서 잘게 썰었지만 여느 식재료에서 느끼기 어려운 오돌오돌하게 씹히는 식감의 대상이 '해삼'이다.

중국으로 가면 해삼 요리는 더욱 풍부해진다. 청나라 섭계(葉桂)가 저술한 『임증지남의안(臨證指南醫案)』(1766)에는 전복, 해조류, 해삼을 세 가지 귀한 식재료라고 하여 '삼화(三貨)'라고 표현하였다. 해삼은 상어지느러미, 제비집과 함께 3대 진미로 평가되며, 질병 예방과 장수를 비는 춘절 풍습을 통해 대부분 소비되고 있다. 한국이나 일본처럼 날것으로 먹는 요리는 소개하지 않고, 날것 대신 내장을 빼내어 말린 후 다시 물에 불린 해삼을 식재료로 사용한다. 수프나 백숙, 찜처럼 오랜 시간 끓이거나 탕이나 볶음 등으로 만드는데, 해삼 이름이 붙은 요리만도 수십 종류가 넘는다.

우리나라에서는 주로 날것을 썰어서 그대로 초간장 또는 초고추장에 찍어 먹는다. 이렇게 해삼을 회로 먹는 나라는 우리나라와 일본뿐이다. 하지만 우리나라에도 생각보다 다양한 해삼 요리가 있다. 조선 순조 9년 (1809), 실학자인 서유구의 형수인 빙허각 이씨가 저술한 『규합총서』에도 열구자탕과 어채(해산물을 잘게 썰어서 무친 음식)로 해삼을 이용하였다는 기록이 있다. 내장을 뺀 해삼을 토막 내어 끓는 물에 데친 후 양념을 넣어서 해삼탕이나 백숙을 만들기도 하고, 소주와 같은 증류주에 담가두었다가 식초에 버무린 해삼초, 잘게 썰어서 간장이나 설탕 등에 버무려 오래 보관한 후 삭힌 상태에서 먹는 해삼 젓갈, 심지어 김치와 같이 버무리는 해삼 김치도 있다.

일본에서는 3대 해산 별미로 숭어, 성게젓, 해삼

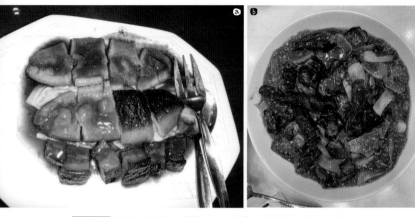

그림 5-2 해삼을 이용한 다양한 중국요리 (a: 해삼찜, b: 해삼볶음)

을 꼽는다. 체벽보다는 내장을 선호하는데, 창자와 생식선을 추출하여 내장에 포함된 펄을 깨끗하게 제거하고 날것으로 먹거나 소금에 절여서 젓갈 형태로 만들기도 한다. 일본 식당에서 단골에게만 내어준다는 '고노와타'는 해삼 창자로 만든 젓갈인데, 노란색 실뭉치 같은 모습으로 아주 적은 양을 담아서 준다.

유럽과 미국 등지에서는 전통 음식에 해삼을 사용하지 않는다. 하지만 일부 이탈리아의 어민들과 알래스카 원주민들은 해삼을 식용하는 것으로 알려졌다. 해삼을 독이 있는 생물로 인식하기도 하는데, 내장에 포함된 마취 기능을 이미 알고 있다는 뜻이다.

보관 방식

　해삼을 말려서 사용하는 것은 대부분 수산물이 그렇듯이 오랜 기간 보관하기 위한 데서 나온 방법일 것이다. 일반적으로 소금에 절이기도 하지만, 특히 돌기해삼은 수온이 높아지거나 물 밖에 오래 방치하면 체벽이 녹아내린다. 소금으로 보관해도 체벽이 껍질이 벗겨지듯 떨어져 나가면서 손상된다.

　해삼은 생선처럼 그대로 말리기보다는 복잡한 가공과정을 거친다. 말린 해삼을 얻기 위해서는 해삼을 잘 씻어서 내장을 빼낸다. 산 것과 죽은 것의 구분은 체벽의 경직성과 내장을 밖으로 배출하는 모습에서만 가능하다. 굳이 구분하기보다는 체벽이 녹아내리기 전에 해삼을 소금물에 넣고 끓인다. 그 과정에서 해삼이 용기에 붙지 않

도록 약 한 시간 동안 계속해서 저어준다. 다 삶은 해삼
은 세척 후 해삼 총량의 30퍼센트의 소금으로 처리한 후
24시간 내버려 둔다. 다음 날 해삼을 다시 한번 삶은 후
에 자연광 또는 열처리 등으로 건조한다.

　가정에서 해삼을 건조하는 것은 너무나 번거로운
일이어서 식재료로 사용할 때는 말린 해삼을 사서 조리
하는 것이 낫다. 말린 해삼은 불리는 과정을 거쳐야 하
므로 그 부분을 소개한다. 해삼을 건조하는 방법처럼 불
리는 방법도 쉽지는 않다.

　우선 말린 해삼을 찬물에 3~4시간 동안 담가둔

그림 5-4 말린 돌기해삼을 포장해서 판매하는 모습

다. 한 번 끓여낸 해삼은 체벽을 절개하고 내장이 있는 내부 체벽을 손질한다. 끓이기와 찬물에 식히는 과정을 수회 반복하는데, 엄지와 검지로 해삼 가운데를 잡았을 때 바나나 모양으로 휘어지는 모습이 보이면 중단한다. 말린 해삼을 불리는 기술은 해삼을 먹을 때 부드러우면서 씹는 질감을 좌우하기에 지루하기는 해도 매우 중요한 과정이라고 할 수 있다.

06
해삼 경제

해삼이 뜬다

21세기 이후 중국의 높은 경제 성장은 잠재해 있던 전통적인 먹거리 문화의 고급화를 확산시켰다. 역사가 오래되고 귀한 음식 재료인 해삼에 대한 수요도 급격하게 증가했다. 이에 비해 중국 내부의 공급량에 대한 한정된 상황은 전 세계에 분포하는 해삼을 중국으로 집중하도록 만들었고, 이러한 경향은 앞으로도 계속될 가능성이 크다.

해삼은 살아 있거나 냉동 상태로 거래하는 일반적인 수산물 무역 방식보다는 말린 상태로 거래되는데, 중국이 절대적인 무역 중심지가 되고 있다. 특히 홍콩과 중국의 광저우는 전 세계에서 수집된 말린 해삼과 염장(소금에 절인) 제품 등 기타 가공된 해삼이 모이는 세계 최대

그림 6-1 생산지에서 말린 상태로 쌓아둔 해삼

시장을 형성하고 있다.

홍콩은 중국 자체 생산보다는 주로 세계 각지에서 생산된 해삼을 거래하는 국제 규모의 시장이 만들어졌다. 그러나 거래되는 해삼의 85퍼센트가 일본, 한국, 러시아 등지에 서식하는 돌기해삼이 차지한다. 광저우는 중국 내부에서 유통되는 해삼을 중심으로 시장이 만들어졌다. 실제로 중국에서의 생산과 소비가 가장 높은 상황에서 내부 거래량은 홍콩과는 비교할 수 없을 정도로 훨씬 규모가 크다.

또 싱가포르, 대만 등 기타 중국 문화권에서도 전 세계에서 가져온 해삼과 중국에서 가공·생산된 물품 등 주로 수출입 중심의 무역 시장이 만들어졌는데, 최근에는 중동 지역이나 유럽 국가에서 해삼 소비가 늘면서 국가적 무역형태의 시장으로 발전하고 있다. 세계적으로 해삼 요리가 새롭게 개발되거나, 해삼이 갑자기 관심이 집중된 식재료로 떠올라서가 아니다. 세계 어디를 가도 쉽게 찾을 수 있는 중국 식당의 최고급 요리 재료인 해삼이 그동안 재료를 구하기 힘든 탓에 높은 가격을 유지하고 있었는데, 공급 시장의 확대로 수월하게 구할 수 있는 식재료가 된 것이 오히려 소비 지역을 넓히는 원인이 되었다.

해삼이 모두 건조된 상태에서 거래되는 것은 아니다. 내장을 제거한 후 근육과 분리하여 소금에 절이거나 얼린 상태에서 부위별로도 거래가 이루어진다. 하지만 전체 해삼 거래에서는 매우 적은 부분을 차지한다. 일반적으로 수분을 제거한 말린 해삼이, 채취한 그대로 살아 있거나 냉동시킨 해삼보다 10~30배 정도 높은 가격에 판매된다. 해

그림 6-2 해삼이 비싼 가격으로 거래되는 홍콩 시장

삼 자체에 수분이 많아서 같은 무게라면 냉동 해삼보다 말린 해삼이 개체가 훨씬 많기 때문이다.

해삼을 말려서 거래한 방식은 18세기부터 진행된 것으로 알려졌는데, 역시 무역과 연관되어 있다. 인위적인 냉동이 불가능했던 시절에는 말린 해삼이 기본적으로 운반 가격을 대폭 낮추고, 제품의 손상을 방지할 수 있었다. 해삼은 우선 채집된 국가에서 건조가 진행된다. 하지만 중국, 브라질, 일본, 북미 등에서 자체 생산된 해삼뿐 아니라 개발도상국에서 들여온 것도 상품 가치를 높이기 위해 건조된 제품을 다시 선별하거나 2차 가공 작업을 벌이기도 한다. 말린 조건에 따라 해삼의 맛과 식감이 달라지기 때문에 가공 기술이 무엇보다 중요하다고 할 수 있다.

우리나라에서는 회를 선호해 말리는 과정이 필요 없고, 살아 있는 상태로 판매하는 것만으로도 그 수요가 충족된다. 이미 국내에서 거래되는 해삼회의 수요만 해도 공급량에 훨씬 미치지 못하여 아직 말린 해삼을 제조하는 데 관심이 높지 않은 편이다.

해삼 시장이 커지다

중국을 중심으로 중화권의 해삼 수요 증가로 인한 빠른 가격 상승은 바다 어디에서도 서식하는 해삼이 감소하는 원인이 되고 있다. 약 60개국에서 해삼 채취가 진행되고 있는데, 해안이나 바다가 있는 나라는 거의 모두 해삼을 채취한다고 이해하면 될 것이다. 동남아시아뿐 아니라 아프리카, 태평양 도서국, 심지어 선진국인 미국, 캐나다, 호주에서도 상당량의 해삼이 돈을 벌기 위해 채취된다.

해삼의 가격 경쟁은 중국에 의해 좌우된다. 해삼 종류에 따라 다양한 가격대를 유지하고 있는데, 일부 종류는 말린 해삼으로 킬로그램당 천만 원에 이르기도 한다. 세계적으로 가격이 높게 형성되는 해삼은 일본 홋카

이도와 러시아 캄차카 지역에서 채취하여 말린 돌기해삼이다. 우리나라에서 채취하는 검은색 돌기해삼(흑해삼)의 경우도 전부 중국으로 수출될 정도로 높은 가격을 유지하고 있다.

이제 해삼은 세계적으로 가치 있고 유용한 수산물 중 하나가 되었다. 유엔식량농업기구(FAO)에 의하면 2006년 10만 톤 정도이던 해삼 생산량이 불과 5년이 지난 2014년에 약 24만톤으로 증가했다고 보고했다. 물론 중국이 20만 톤(84%)으로 압도적인 생산량을 보인다. 이어서 일본(8,500톤), 캐나다(7,000톤), 인도네시아(5,500톤), 스리랑카(3,300톤) 순으로 생산하고 있으며, 우리나라는 2,100톤으로 세계 6위 수준이다. 물론 말리지 않고 수분이 그대로 유지된 해삼을 대상으로 한 수치이다. 아직 자연 채취에 의존하는 개발도상국은 통계자료가 미흡하여 상당량이 누락된 것으로 알려졌으며, 실제로는 훨씬 더 많은 양을 채취하는 것으로 예측된다.

중국의 급격한 소비 증가는 수요 확보를 위한 경쟁으로 이어지면서 상품 가격을 올렸고, 미국을 비롯해 해삼을 전혀 식용하지 않는 지역조차 남획을 우려하는

그림 6-3
해삼 채취(a: 인도네시아,
b: 한국)

실정에 이르렀다. 실제로 아프리카, 이집트, 마다가스카르, 탄자니아는 1990년대에 3,000톤 이상의 말린 해삼을 생산하였으나, 지금은 급격히 감소하여 1,000톤 생산에도 못 미치는 실정이다. 여기에 생명공학기술의 발전으로 해삼에 포함된 다양한 천연물이 인간 건강에 유용함을 검증받으면서, 요리 재료가 아닌 건강 보조제나 의료 소재로 그 활용도가 빠르게 증가하고 있다.

우리나라에서는 해삼의 잠재력을 수산물 단일 품목으로는 세계 경제 규모가 약 일조 원 이상 증가할 가능성을 예측하였고, 1차산업 생산물 중 10대 수출 전략 품목에 해삼을 포함하였다. 충청남도에서는 2016년부터 해삼 생산과 가공을 대형화하는 용역을 수행하여 해삼 산업단지 구축 등 관련 계획을 수립하고 있다.

관심이 문제를 일으키다

해삼은 주로 해저 바닥에 침전된 유기물을 훑어 먹기에 오염 가능성이 있는 바다을 청소하고 정화하는 생물로 알려졌다. 따라서 해삼을 급격히 남획하면 해양 환경오염을 키울 수 있고, 해양생태계 기능에 영향을 끼칠 수 있다. 즉 유기물로 인한 해안의 부영양화를 촉진해서 산호초 부근에 녹조 등 수질 오염 우려가 생길 수 있다. 실제로 태평양 도서국의 열대 산호초 지역에서는 유기물을 분해하는 작용이 감소하여 녹조 발생이 점진적으로 늘고 있다는 비정부기구(NGO)의 발표가 있었다.

해삼 소비 증가와 공급 부족에 따른 지속적인 가격 상승은 자연에서 해삼의 채취를 더욱 부추기고 있다. 해삼을 채취하는 국가들 가운데 많은 나라가 직접 소비하는 주요 수산물이 아니라는 이유로 관심을 두지 않는 사이에 수출을 위한 과잉 어획이 이루어지면서 서식량 관리가 되지 않고 있다. 이에 따라 전 세계의 해삼 자원은 남획 상태에 있는 것으로 파악된다.

해삼 생산국에서는 이미 해삼 채취를 규제하기 시작했다. 파나마는 2003년부터 영해(領海, 자국의 통치권이 미치는 바다 영토)에서 모든 해삼 채취를 금지하였으며, 파푸아뉴기니, 호주, 뉴칼레도니아, 멕시코 등은 어린 해삼의 채취를 막기 위해 해삼 종류별로 채취 허용 크기와 한 번에 대량으로 채취하는 행위를 제한하고 있다. 호주 등 일부 국가에서는 해삼 서식지를 보호하고 지속가능한 해삼 자원 유지를 위해 채취금지구역을 설정하였다. 또 자원 감소를 우려해 어류에 적용하는 총 허용 어획량(TAC: Total Allowable Catch)을 해삼에도 적용하고 있다. 유엔식량농업기구(FAO)에서는 채취되는 58종의 해삼에 대한 서식 생태, 지리적 분포 및 채취 방법 등 수산 정보와 효과적인 어업 관리를 위한 지침을 제공하기 위해「세계의 해삼, 상업적인 중요성(Commercially Important sea cucumber of the world)」이라는 보고서를 2012년에 발간하였다.

해삼 왕 중국

중국의 해삼 생산은 2006년에 6만 6000톤으로 전 세계 해삼 생산량의 약 65퍼센트에 이르는 수준이었고, 2011년에는 13만 톤으로 5년 동안 생산량이 두 배 이상 증가하였다. 하지만 수요량은 이미 비교할 수 없을 정도로 커졌고, 수요와 공급의 격차는 점점 더 벌어지고 있다.

중국은 전 세계에서 해삼을 가장 많이 소비하는 국가이지만, 생산량 가운데 일부를 수출(2014년 기준 5,387톤)하기도 한다. 외국에 진출한 화교들의 수요도 만만치 않기 때문이다. 중국의 국가 수산물 통계 자료집인 「중국 어업통계연간」에서는 단일 수산양식 수산물 중에 해삼이 가진 경제적 가치가 가장 높다고 소개하였다.

이미 오래전에 자연 채취에 따른 공급량에 한계를 인식한 중국은 일본을 중심으로 발전했던 해삼 양식 기술을 본격적으로 보급하기 시작하였다. 이에 1990년대부터 중국 산둥성[山東省], 칭다오[靑島], 옌타이[烟台], 웨이하이[威海] 등 황해안 지역을 중심으로 양식이 진행되었다. 2000년대 초에는 양식 지역이 급속하게 확대되어 비교적 따뜻한 바다에서도 살 수 있는 해삼을 양식하는 기술을 개발하여 산둥성, 랴오닝성[遼寧省], 하이난성[海南省] 등의 지역에 대규모 양식장을 조성하였다.

중국에서 해삼 양식은 가장 가치가 높은 수산업이 되었는데, 펄이나 모래로 이루어진 공간뿐 아니라 기존에 물고기를 키우던 해상 가두리에서도 해삼 양식이 진행될 정도였다. 2007년대 중국의 해삼 양식 면적은 6만 4386헥타르(ha, 1헥타르=1만 제곱미터)에서 다음 해인 2008년 11만 2468헥타르로 증가하였고, 2013년에는 21만 4000헥타르에 이르렀다. 중국 보하이만[渤海灣] 연안의 양식장은 80퍼센트 이상이 해삼 양식장으로 교체되었다. 이제 중국은 해삼 양식장의 면적 확대 또한 한계점에 이른 상황이다.

그림 6-4 중국의 해삼 양식장

중국 해삼 양식장의 면적 확대는 생산량에도 큰 변화를 일으켰다. 2014년에 20만 톤까지 생산량이 증가한 것은 양식산업 규모가 확대된 이유가 크지만, 이후 더 증가하지 않고 해마다 생산량 유지와 감소가 반복되고 있다. 오히려 중국의 해삼 생산 환경은 면적 증대의 한계와 양식 기술 수준에서 전 세계 해삼 관련 특허의 85퍼센트 이상을 소유하고 있음에도 불구하고, 생산을 획기적으로 늘릴 수 있는 기술이 나오지 않으면서 생산량도 제자리걸음인 상황이다. 연간 소비 증가율은 18~23퍼센트에 이를 정도로 매년 늘고 있으나 생산은 한계를 드러내면서 전 세계 해삼 자원을 모두 쓸어 담는 블랙홀 현상이 발생하고 있다.

한국의 해삼 산업

우리나라의 연간 해삼 생산량은 2006년 2,936톤에서 2008년 2,260톤으로 다소 감소하다가 2011년부터 2,259톤 정도를 유지하고 있다. 하지만 전 세계 생산 규모의 1퍼센트 수준이다. 우리나라에서는 전통적으로 해녀의 물질, 잠수 활동 등으로 자연에서 해삼을 확보하였다. 특히 잠수기 어업 기술이 발달하면서 생산량은 한동안 급격히 증가하였지만, 해삼 자원이 한계를 보였다.

1990년대부터 소규모로 양식 활동이 시작되었고, 어민의 소득 증대를 위해 어린 해삼을 방류하는 활동이 이어지면서 최근에 해삼 생산량이 2,500톤 수준까지 다소 증가하였다. 자연산에 의존하던 생산량이 감소하는 양상에서 해삼 양식 규모가 커지면서 다시 생산량이 증가하는 모습이다.

해삼 양식은 초기에 크기가 약 2~3센티미터인 어린 해삼까지 키운 다음에 인근 어장에 방류하는 방식으로 진행하다가, 최근에는 해삼의 전 생활사에 따라 양식함으로써 양식체계를 갖추고 수출까지 조직적으로 진행하고 있다. 하지만 아직 우리나라의 해삼 산업은 횟감으로 사용할 수 있도록 활해삼 형태로 국내에서 소비되고 있으며, 말린 해삼이나 1차 가공품 형태로 수출하는 것은 소량에 불과하다. 국내에서 소비되는 횟감 재료의 수요가 워낙 커서 수출을 위한 가공이 불필요할 정도이다.

수출하는 해삼 대부분은 중국인 또는 중화권 국가에서 소비되고, 실제로 서해에서 채취하는 흑색 돌기 해삼(흑해삼)은 중국에서 아주 비싼 가격을 형성해도 수출량이 미미하다. 오히려 중국 식당을 중심으로 식재료로 사용하기 위해 국내에서 수입하는 해삼은 연간 약 500톤에 이른다. 중국 식당에서 요리를 주문했을 때 먹는 해삼은 대부분 수입한 것이다.

우리나라에서는 해삼 수입량을 지속해서 늘리고 있는데, 2012년에 10여 개 국가로부터 468톤의 해삼을 수입하였다. 러시아가 148톤으로 가장 많으며, 중국, 인도네시아, 필리핀으로부터 수입한다. 중국으로부터 수입하는 해삼은 독특하다. 수입 지역은 중국이지만, 원산지는 동남아시아에서 채취한 품질이 다소 낮은 저렴한 해삼을 중국에서 가공하여 중국산으로 바꾼 것이다. 동아시아에 서식하는 돌기해삼은 홍콩에서 거래되는 가격이 킬로그램당 20만 원(약 150불) 정도로, 요리 재료로 사용하기에는 너무 비싸서 호텔 등 아주 고급 식당을 제외하고는 맛을 경험하기 어렵다.

　　해삼 수출량은 2017년에 말린 해삼 기준으로 148톤에 불과하다. 수출 지역은 절반가량이 홍콩이고, 그다음이 중국이다. 아쉬운 점은 완전하게 상품으로 포장된 상태로 수출하기보다는 가공하지 않은 냉동이나 반건조 형식의 식자재 원료로 수출하여, 제품의 질에 비해 충분한 가격을 인정받지 못하는 것이다.

　　우리나라에서도 자연에서 채취하는 해삼 자원에 변동이 감지되고 있다. 그 때문에 해삼 증식을 위하여 채집을 금하는 시기를 정하거나 잡는 방식과 도구를 제한하고, 연안에 자연석을 투석하여 해삼이 선호하는 환경을 만드는 사업을 추진하고 있다. 아주 어린 해삼을 채취하기 위한 장치(채묘기)를 연안에 설치하고, 다수의 어린 해삼을 모아 수심이 얕은 곳에 방치하여 키우기도 한다.

2005년에서 2014년까지의 정보에 따르면 전 세계 해삼의 생산량은 연평균 약 11.8퍼센트 성장하였고, 우리나라는 약 7.3퍼센트 증가하는 데 그쳤다. 즉 연평균 증가율이 세계 성장률보다 4.5퍼센트 낮은 수준이다.

1980년대부터 20여 년간 전국에서 해삼을 가장 많이 생산한 지역은 경상남도로, 우리나라 해삼 채취량의 50퍼센트 이상을 차지하였다. 하지만 2000년대 이후에는 50퍼센트 미만으로 하락하였고, 전국 생산의 3~5퍼센트에 불과하던 충남 지역이 2000년대 들어 16.8퍼센트로 전국 해삼 생산 점유율 2위를 기록하면서 새로운 해삼 생산 지역으로 급부상하였다. 2018년 자료에 따르면 전국 해삼 생산량은 1,980톤으로 경상남도가 960톤을 생산했으며, 충청남도는 480톤에 이른다. 살아 있는 해삼으로 거래되는 도매 가격은 연도나 계절에 따라 차이가 있지만 2023년 현재, 살아 있는 돌기해삼의 가격은 대략 킬로그램당 2만 5000원에 이른다.

해삼을 키우자

채취에 의존하던 공급은 소비가 증가하면서 결국 양식산업 확대로 이어졌다. 전 세계에서 다양한 종류의 해삼이 양식으로 생산되고 있다. 해삼 양식은 1930년, 일본에서 돌기해삼의 부화 및 축양 기술을 개발하면서 시작되었다. 1950년대에 인공적으로 생산한 종묘를 이용해 시험 양식이 이루어졌지만, 1980년대에 들어서 비로소 해삼 양식을 진행할 수 있는 보편적 기술이 확립되었다. 일본에서 이 과정이 기술적으로 해결되었고, 사업 규모는 중국을 중심으로 대형화하였다.

중국은 2000년대에 어류를 양식하는 수준 이상으로 해삼 양식이 대규모로 발달하도록 생산 기술이 절정기에 도달하였다. 현재 해삼 양식은 동아시아에 서식하는 돌기해삼을 비롯해 열대·온대 해역에 서식하는 10여 종의 해삼에 대한 기술을 확립하였다.

해삼은 대부분 시간을 펄을 훑어 먹거나, 바위를 긁어서 먹이를 구한다. 거의 하루 종일 먹이 활동을 하는 셈이다. 수산 양식을 하는 데에 가장 중요한 부분은 적정한 먹이를 공급하는 것인데, 해삼의 경우 특별한 먹이를 공급하기보다는 수질이 심각하게 변하는 것과 수온에 더욱 신경 써야 한다.

해삼은 다른 해양생물보다 양식에 용이하고 수익성도 높은 것으로 평가된다. 심지어 바닷가를 매립하여 농사를 짓는 것에 비해 해안에서 바닷물이 순환하도록 축대를 쌓아 해삼을 양식하면 10배 이상의 수입을 올릴 수 있는 것으로 알려졌다. 이러한 방식은 양식에서 어린 해삼을 증식하는 과정으로, 수익을 얻으려면 어린 해삼을 충분히 확보하는 것이 전제 조건이므로 해삼을 수정하여 어린 개체를 얻는 선제 기술이 필요하다.

해삼 생산하기

해삼 양식에서 가장 어려운 기술은 알이 수정 후 부화한 다음 물에 떠다니는 유생 기간을 거쳐 어린 해삼으로 바닥에 내려앉도록 하는 것이다. 이 시기에 사망률이 가장 높기 때문에 해삼 생산에서 가장 중요한 기술이 요구되는 부분이다.

해삼은 암수가 구분되어 있다. 수정을 위해서는 알을 확보해야 하는데, 우선 암수를 구별하고 인공적으로 산란과 수정을 진행한다. 돌기해삼을 예로 들어 설명하면, 인공 산란이 가장 적합한 시기는 자연에서 산란기인 5월과 6월로 적정한 알과 정액을 구할 수 있다. 이 시기를 전후로 양식 조건을 맞추면서 임의적으로 수온을 조절하여 생산 시기를 조정하기도 한다.

일본에서는 양질의 수정란을 얻기 위해 수개월 전 암컷을 확보하여 안정된 서식공간을 유지해 준다. 자연적으로 산란을 기다리기도 하지만, 산란기를 예측하기 어렵기 때문에 수컷에서 추출한 정액을 암컷을 관리하는 수조에 뿌려서 인위적으로 산란을 유도하기도 한다. 최근에는 수온을 갑자기 바꾸거나 산란을 자극하는 화학물질을 투여하여 강제로 산란하는 방식을 주로 사용한다.

알을 얻으면 수컷의 정액을 강제로 추출하여 알에 뿌려서 수정률을 높인다. 수정된 알은 잘 세척한 후에 적정 수온을 유지할 수 있는, 부화기와 같은 역할을 하는 배양 장치에 보관한다. 일주일쯤 지나면 알에서 깨어 물속을 헤엄치는 유생으로 변하는데, 이때 먹이를 알맞게 공급하는 일이 매우 중요하다. 해삼이 선호하는 플랑크톤을 사전에 배양하여 유생에게 공급해야 한다.

유생 시기에는 성체(成體)로 자라나기 위해 여러 번 모양을 바꾸는데, 이러한 과정을 '변태'라고 한다. 변태 과정에서 마지막 단계는 해삼 모습을 갖추기 위해 바닥에 내려앉는 것이다. 어른 모습과 유사한 해삼으로 변화하면, 바닥에서 먹이를 섭취할 수 있도록 '먹이판'을 통해 먹이를 사전에 공급한다. '먹이판'이란 표면에 부착성 식물플랑크톤을 미리 키워서 붙어 있게 만든 것으로, 먹이 제공과 더불어 어린 해삼이 기어 다닐 수 있는 공간이 된다.

이때 중요한 것이 수온과 수질 관리이다. 수질 관리 과정에서 물 교환이 이루어질 때 아주 어린 해삼이 배수구를 통해 유출되는 것을 막는 장치를 설치하는 것도 중요하다. 양식장 배출수 주변에는 탈출한 해삼이 성장하는 경우가 매우 많다. 일단 어린 해삼으로 모양이 갖춰진 후에 적정 수온을 유지하고 먹이를 충분히 공급하면, 향후 성장은 매우 빠르게 진행된다.

돌기해삼이 성장하는 데 가장 민감한 관리 조건은 수온이다. 실내에서 사육할 때 15도 이하로 수온을 유지해야 하는데, 5월 즈음 수정을 시도한 경우 지역에 따라 11월까지는 수온 조절을 위해 수온 냉각기를 사용해야 한다. 수온이 20도 이상 올라가면 질병이 발생하기도 한다. 어린 개체에서는 내장에 궤양이 생겨 먹이 활동을 하지 못하거나, 체벽이 물러지는 현상으로 피부가 약

해지면서 썩는 질병에 감염되기도 한다. 몸의 길이가 약 3센티미터 이상 성장하면, 먹이를 풍부하게 공급할 수 있는 지역으로 옮긴다.

수온이 적정한 시기에는 실내에서 키우지 않고 바닷물이 원활하게 드나드는 해안에 연못을 만들어 그곳에 방류하는 방법이 가장 일반적이다. 특별하게 먹이를 공급하기보다는 바닷물에 의존하여 물이 순환할 때 함께 유입되는 유기물을 활용한다. 최근에는 자연적으로 먹이 공급을 유도할 때보다 더 많은 먹이를 줄 수 있는 별도의 해삼 사료가 개발되어 있어서 주기적으로 공급하기도 한다.

해삼은 자연에서 펄이나 모래에 놓인 동물 배설물, 부패한 찌꺼기, 사체 등을 먹이로 하여 살아간다. 따라서 이러한 물질들의 공급이 원활한 가두리 양식장이나 수하식(垂下式. 뗏목이나 뜸 따위에 양식 대상 생물의 씨를 붙인 부착기를 줄로 매어 물속에 드리워 기르는 방식) 패류 양식 시설의 바닥에서 해삼을 키우는 것도 먹이 공급에 양호한 조건일 수 있다. 이러한 방식은 양식장 주변에 유기물이 쌓여 발생하는 환경오염을 줄이고, 모래나 펄로 된 바닥이 개선되는 효과를 기대할 수 있다.

우리나라에서도 전라남도에 밀집한 수하식 전복 양식장이나 실내 양식장에서, 가라앉은 배설물을 먹이로 하는 해삼 양식을 복합적으로 시도하였다. 무게 31.7그램인 해삼이 10개월 후에 184.5그램으로 성장하여, 해안가에서 이루어지는 해삼 양식에 비해 성장 속도가 3배 빠른 것을 확인하였다.

중국에서는 광어 등 어류 양식장에 해삼을 넣어 수질을 개선하는 복합 양식을 시도하기도 하고, 심지어 대형 채롱에 넣어 매달아서 채롱에 붙는 유기물을 먹는 양식 방법을 진행하기도 한다. 하지만 이런 방식은 양식이 고립된 공간에서 진행되기 때문에 수확에는 매우 유리하지만, 먹이 공급이 바닥에 방류하는 것보다 생산량에서 원활하지 않은 듯하다.

대량 생산을 위한 과제

해삼 양식에서 가장 시급하게 연구해야 할 과제는 앞서 설명한 바대로 수정과 부화에서 이어지는 어린 해삼의 생산을 효율적으로 늘리는 것이다. 아주 어린 단계와 변태를 마친 어린 해삼이 바닥에 내려앉을 때 선호하는 적정한 먹이를 개발해야 한다. 질병을 예방할 수 있는 약품 개발도 필요하다. 해삼 생산 산업에 관심을 가진 전문가 육성, 양식과 가공, 판매 연계 체제가 구축되어야 한다.

중국에서의 해삼 수요와 공급 정보를 확인해 보면, 해삼은 경제적인 잠재성이 충분한 산업 소재임이 분명하다. 여전히 수요는 증가하고 있으며, 중국에서 더는 생산을 확대하는 공간이 보이지 않는다. 다른 수산생물

양식보다는 상대적으로 적은 경비가 투자되는 상황에서
해삼에 대한 관심이 현실로 이어지길 기대한다.

글을 마치며

지금까지 외형적인 모습에서 존재감을 뽐내지 않는, 별로 대중적인 관심도 받지 못하는 바다생물을 하나 소개하였다. 이름의 근거도 모르고, 그저 사람들의 건강을 위한 대상으로 보장받고 있는 생물, 해삼이다. 친근감을 느끼기 어려운 모습에서 한 접시의 횟감으로만 여겼던 해양 동물 해삼은 이름 그대로 귀한 식품이었음을 확인하였다.

지구상에 살아가는 모든 생물은 저마다 살기 위해 치열한 생존경쟁을 벌인다는 사실을 다시 한번 느꼈다. 이제 바다생물에서 역동적이거나 아름다운 모습보다는 어느 특정 영역에서 나름의 역할을 하는 생물에게도 관심을 가졌으면 하는 바람이다. 이미 해삼은 생태계 안에서의 역할 이외에 인간이 만든 경제 구조의 중심에 들어와 있다. 명석한 분석과 손기술이 우수한 우리에게 해삼은 또 하나의 기회를 주는 대상이 될 수 있다.

물속에서 해삼은 잡았다는 표현보다는 주웠다는

표현이 더 어울리는 생명체다. 단단하게 경직되면서 내장을 토해내는 반항이 있을 뿐이다. 오랜 친구 정준연 작가는 늘 기어 다니기만 하던 해삼이 고개를 들고 서 있는 사진을 찍어 보여주기도 했다. 미크로네시아 바다에 서식하는 다양한 해삼을 종류별로 채집하면서 낯선 이름을 술술 얘기하던 김선욱 박사도 떠오른다. 그리고 바다 속에서 별로 관심을 받지 못하는 모습의 해삼을 영상으로 남겨준 오정희·정무용 씨와 또 다른 귀한 영상을 제공해 주신 허수진·지상범 박사님께 감사드린다. 문장과 정보의 오류를 꼼꼼히 챙겨봐 주신 손민호 박사님께도 깊은 감사를 전한다.

우리나라에서 자연과학 용어를 쉽게 풀어 쓴다는 것은 너무 어려운 작업이라는 회고와 함께 '海蔘'은 진짜 '바다의 인삼'이었다고 결론지으려 한다.

참고한 자료

국립수산과학원. 2015. 수변정담 - 읽을수록 재미나는 수산물이야기. 한글그라픽스, 186-188.

김용신. 2016. 생리활성물질로서 해삼추출물이 피부에 미치는 영향. 건국대학교 생물공학과 박사학위 청구논문. 93pp.

농림수산식품부. 2012. 해양양식 가이드북 11-1541000-001455-01. 134pp.

류홍수 외. 1997. 해삼 극피동물 중의 당단백질의특성과 이용 Ⅰ. 해삼 당단백질 및 황산콘드로이친의 화학조성과 특성. 한국식품영양과학회지, 26(1), 72-80.

문정혜 외. 1998. 해삼 극피동물 중의 당단백질의 특성과 이용, 한국식품영양과학회지, 27(2), 350-358.

박재연. 2008. 건조 중 해삼(Stichopus japonicus)의 영양성분 변화, 전남대학교 교육대학원 석사학위논문.

박태균 외. 2010. 제주 특산 홍해삼을 이용한 가공식품 개발 및 품질고도화 연구. 한국산업기술진흥원, 107pp.

박흥식, 최성순. 2000. 한국해양생물사진도감. 풍등출판사, 292pp.

이규식 외. 2012. 해삼 추출물의 미백효과에 대한 연구, 국제원광문화 학술논문집, 2(1), 115-120.

이민옥. 2011. Stichopus jaoponicus 추출물이 피부보습 및 염증 관련 지표에 미치는 영향. 원광대학교 박사학위논문.

이인태 외. 2011. 건조방법및 국내 자생지별 건해삼 특성의 비교. 해양정책수산 기술연구소, 해양수산부연구과제, 20110215.

장덕희 외. 2019. 충남 해삼산업 클러스터 조성 기본계획 연구용역. 충청남도, 384pp.

정약전. 1977. 자산어보 – 흑산도의 물고기들. 정문기 역. 지식산업사, 226pp.

정진택. 2017. 해삼 양식산업 활성화 방안. 인천대학교 석사학위 청구논문, 76pp.

한국해양수산개발원. 2020. 한 접시에 담긴 씨푸드.

허수진 외. 2018. 홍해삼 식품 산업화를 위한 고기능성 바이오 제품화 공정 개발.

Pietrak M. et al., 2014. Culture of Sea Cucumbers in Korea: A guide to Korean methods and the local sea cucumber in the Northeast U.S. Orono, ME: Maine Sea Grant College Program. 10pp.

Yang Hongsheng, Mercier J-F Hamel Anie. 2015. The Sea Cucumber Apostichopus japonicus History, Biology and Aquaculture (역) 돌기해삼 역사, 생물학, 그리고 양식. 박미선 외 국립수산과학원, 11-1192266-0000151-01. 584pp.

Xueyan Qiu. 2017. 중국해삼양식의 양식방법별 경제성 비교. 부경대학교 경영학 석사논문, 64pp.

위키백과 https://ko.wikipedia.org/wiki/%ED%95%B4%EC%82%B-C%EB%A5%98

부산광역시수자원연구소 https://www.busan.go.kr/fisheries/frfish-point09

나무위키 https://namu.wiki/w/%ED%95%B4%EC%82%BC/pmc/articles/PMC3210605/&prev=search

유엔식량농업기구 http://www.fao.org/3/y5501e/y5501e08.htmwww.seacucumberconsultancy.com.au/achievements.html

그림 출처

17쪽(아래), 60쪽(위) 오정희

26쪽(아래), 53쪽(위. b) 정무용

51쪽 한국해양과학기술원/ 지상범

63쪽(아래), 75쪽(아래) 정준연

65쪽(위), 90쪽, 104쪽, 105쪽 Shutterstock.com

84쪽 허수진

110쪽 Shutterstock.com/ Claudine Van Massenhove

114쪽(위) Shutterstock.com/ Angga Budhiyanto

122쪽 Shutterstock.com/ chinahbzyg

*위에 기재되지 않은 모든 사진은 박흥식이 촬영하였습니다.